Mario Wurglics, Christina Lamers, Daniel Merk

Arbeitsbuch Stöchiometrie

Chemisches Rechnen für Pharmazie und Chemie
mit 157 Übungsaufgaben

3., durchgesehene Auflage

Mario Wurglics, Christina Lamers, Daniel Merk

Arbeitsbuch Stöchiometrie

Chemisches Rechnen für Pharmazie und Chemie

mit 157 Übungsaufgaben

3., durchgesehene Auflage

Govi

3., durchgesehene Auflage 2023
ISBN 978-3-7741-1704-4 (eBook: ISBN 978-3-7741-1705-1)

Carl-Mannich-Str. 26, 65760 Eschborn
avoxa.de govi.de

Titelbild: © totojang1977 – stock.adobe.com
Satz: Reemers Publishing Services GmbH, Krefeld
Druck und Verarbeitung: Plump Druck & Medien GmbH, Rheinbreitbach
Printed in Germany

Bibliografische Information der Deutschen Bibliothek

Die Deutsche Nationalbibliothek verzeichnet diese Publikation in der Deutschen Nationalbibliografie; detaillierte bibliografische Daten sind im Internet über http://dnb.ddb.de abrufbar.

Aus Gründen der besseren Lesbarkeit wird auf die gleichzeitige Verwendung der Sprachformen männlich, weiblich und divers (m/w/d) verzichtet. Sämtliche Personenbezeichnungen gelten gleichermaßen für alle Geschlechter.

Vorwort

Das vorliegende Arbeitsbuch führt das bewährte Konzept unverändert fort: Zunächst wird die Theorie zu stöchiometrischen Aufgaben erläutert, am Rechenbeispiel der Praxisbezug gezeigt und schließlich mit Übungsaufgaben das selbstständige Anwenden erlernt.

In der 3., durchgesehenen Auflage wurden lediglich kleinere redaktionelle Änderungen vorgenommen.

April 2023 Die Verfasser

Vorwort zur 2. Auflage

Stöchiometrie ist die Bezeichnung für das Rechnen in der Chemie, mit deren Hilfe beispielsweise der Stoffumsatz in Reaktionsansätzen, pH-Werte oder Konzentrationen berechnet werden können. Für Pharmazeuten ist die Stöchiometrie essenziell wichtig: Von der richtigen Berechnung von Einwaagen in der Rezeptur oder Steril-Herstellung können je nach Produkt Menschenleben abhängen.

Das vorliegende Buch soll den Einstieg in die Stöchiometrie erleichtern und zur Übung der Berechnung gängiger Problemstellungen dienen. Es bietet zu den grundlegenden Themengebieten der Stöchiometrie jeweils eine kurze Einführung sowie eine umfangreiche Sammlung von Beispiel- und Übungsaufgaben. In jedem Teilgebiet werden zunächst mehrere Beispielaufgaben mit ausführlichen Erklärungen und detailliertem Lösungsweg ‚vorgerechnet'. Zum besseren Verständnis des Rechenweges werden jeweils Bezüge zu den zugrunde liegenden Formeln hergestellt, die im Anhang (Ausklapptafel) übersichtlich zusammengestellt sind und jeweils parallel eingesehen werden können. Darauf folgen zahlreiche Übungsaufgaben, zu denen nur die Zwischen- und Endergebnisse aufgeführt sind. Hier bleibt genügend Raum für eigene Übungen und Diskussionen mit Kommilitonen.

Damit richtet sich dieses Buch an Studierende der Pharmazie und Chemie im Grundstudium, die die Stöchiometrie erlernen und ihre Sicherheit im Umgang mit stöchiometrischen Problemstellungen verbessern wollen.

Vorausgesetzt werden die Kenntnisse der mathematischen Regeln, an einzelnen Stellen werden diese kurz als Wiederholung aufgegriffen. Vor allem die Regeln zur Prozentrechnung, Potenzrechnung und Logarithmierung sowie die entsprechenden Umkehrfunktionen sollten sicher beherrscht werden. Ebenso ist das korrekte Auflösen von Gleichungen mit einer Unbekannten notwendig.

Für die zweite Auflage wurde das Werk um einige Übungsbeispiele sowie ein neues Kapitel zu Redoxreaktionen erweitert.

Februar 2019 Die Verfasser

Inhaltsverzeichnis

1 Signifikante Stellen

In stöchiometrischen Berechnungen – wie in allen naturwissenschaftlichen Berechnungen – spielt die Genauigkeit der Angaben, die als Grundlage der Berechnung dienen, eine große Rolle für die Genauigkeit des Ergebnisses. Die Genauigkeit eines Messwertes spiegelt sich in der Zahl seiner signifikanten Stellen wider. Bei einer stöchiometrischen Berechnung ist immer zu beachten, dass Angaben als Berechnungsgrundlage unterschiedliche Genauigkeit aufweisen können.

Beispielsweise sind die Volumenangaben V = 1 L, V = 1,0 L und V = 1000 mL nicht gleichwertig, da sie unterschiedlich genau sind und ihnen verschiedene Rundungen zugrunde liegen können. Unter der Voraussetzung, dass beim Runden einer Zahl bis zu einem Wert von ,49 abgerundet und ab einem Wert von ,50 aufgerundet wird, kann der Volumenangabe V = 1 L ein tatsächliches Volumen im Bereich 0,50 L bis 1,49 L zugrunde liegen, für die Volumenangabe V = 1,0 L ergibt sich ein Bereich von 0,950 L bis 1,049 L und für V = 1000 mL ein Bereich von 0,99950 L bis 1,00049 L. Die verschiedenen Volumenangaben sind somit alles andere als gleichwertig und diese Tatsache muss sich folglich auch im Ergebnis einer Berechnung widerspiegeln, der die Volumenangabe als Grundlage dient. Grundsätzlich kann das Ergebnis einer stöchiometrischen Berechnung nicht genauer sein als die ungenaueste Angabe, die zur Berechnung gedient hat.

Um die Zahl der signifikanten Stellen eines Ergebnisses zu bestimmen, müssen bei jeder Angabe die signifikanten Stellen gezählt werden; das Ergebnis ist mit der geringsten Zahl an signifikanten Stellen aller verwendeten Berechnungsgrundlagen anzugeben. Beim Zählen der signifikanten Stellen wird von links ab der ersten Ziffer, die nicht Null ist, gezählt, alle folgenden Nullen müssen aber gezählt werden.

Bei längeren Berechnungen sollte während der einzelnen Rechenschritte nicht gerundet und erst das Endergebnis mit der korrekten Zahl signifikanter Stellen angegeben werden.

Beispiele:

Angabe	Signifikante Stellen
3,08 mol	*3*
3,80 mol	*3*
0,38 mol	*2*
0,00038 mol	*2*
1,00038 mol	*6*
$3{,}8 * 10^{-4}$ *mol*	*2*
$3{,}08 * 10^{-4}$ *mol*	*3*
0,38 mmol	*2*

Rechenbeispiel:

0,20 mol Natriumhydroxid werden in Wasser gelöst und die entstehende Lösung zu einem Endvolumen von 0,6 L aufgefüllt. Welche Konzentration hat die resultierende Natriumhydroxid-Lösung?

Lösung:

Die Konzentration errechnet sich mithilfe der Formel:

1.2

$$c(\mathrm{NaOH}) = \frac{n}{V} = \frac{0{,}20\ \mathrm{mol}}{0{,}6\ \mathrm{L}} = 0{,}\overline{3}\ \mathrm{mol/L}$$

Nach der Berechnung stellt sich die Frage nach der Genauigkeit, in der das Ergebnis angegeben werden kann. Die zugrunde liegenden Angaben weisen eine unterschiedliche Genauigkeit auf: Die eingesetzte Stoffmenge Natriumhydroxid besitzt zwei signifikante Stellen, die Volumenangabe 0,6 L weist jedoch nur eine signifikante Stelle auf. Das Ergebnis der Berechnung kann also nur auf eine signifikante Stelle angegeben werden. Abschließend muss nun noch die letzte signifikante Stelle des Ergebnisses gerundet werden. In diesem Fall wird das Ergebnis auf 0,3 abgerundet, da die folgende Ziffer eine 3 (< 5) ist.

$$c(\mathrm{NaOH}) = 0{,}3\ \mathrm{mol/L}$$

1.1 Übungsaufgaben

1.1.1 Runden Sie folgende Werte auf die jeweils unterstrichene Stelle:

a) $12{,}0\underline{4}83$ L

b) $2{,}\underline{0}52$ mol

c) $1\underline{4}{,}06$ cm³

d) $7{,}\underline{8}09$ mol/L

e) $1{,}3\underline{3}3$ g

f) $4{,}\underline{5}00$ mmol

g) $\underline{4}{,}500$ mmol

1.1.2 Geben Sie die Ergebnisse folgender Berechnungen in der korrekten Genauigkeit und korrekt gerundet an:

a) $$c = \frac{4{,}506\ \mathrm{mol}}{2{,}03\ \mathrm{L}}$$

b) $$n = \frac{5{,}1\ \mathrm{g}}{40{,}01\ \mathrm{g/mol}}$$

c) $n = 6{,}05\ \text{mol} + 0{,}04\ \text{mol}$

d) $$V = \frac{14\ \text{g}}{1{,}0007\ \text{g/mL}}$$

e) $$c = \frac{\dfrac{66{,}2\ \text{g}}{149{,}89\ \text{g/mol}}}{2{,}6 * 10^{-1}\ \text{L}}$$

f) $$n = \frac{1{,}181\ \text{g/mL} * 120{,}0\ \text{mL} * 0{,}080}{40{,}01\ \text{g/mol}}$$

Ergebnisse:

Aufgabe 1.1.1:	**Aufgabe 1.1.2:**
a) 12,05 L	*a) 2,22 mol/L*
b) 2,1 mol	*b) 0,13 mol*
c) 14 cm³	*c) 6 mol*
d) 7,8 mol/L	*d) 14 mL*
e) 1,33 g	*e) 1,7 mol/L*
f) 4,5 mmol	*f) 0,28 mol*
g) 5 mmol	

2 Grundlegende Rechenregeln

Um stöchiometrische Aufgaben zu lösen, wird keine höhere Mathematik benötigt, sondern als »Werkzeuge« werden grundlegende Rechenregeln verwendet, die spätestens in der Mittelstufe der Schullaufbahn erlernt wurden. Dennoch sollten diese Regeln gut beherrscht werden und die jeweilige Umkehrfunktion bekannt sein, um die stöchiometrischen Textaufgaben durch Auflösen von Gleichungen lösen zu können. Nachfolgend sind die benötigten Rechenregeln zusammengefasst:

Funktion		**Umkehrfunktion**	
Addition	$a + b = c$	*Subtraktion*	$c - a = b$
	$5 + 8 = 13$		$13 - 5 = 8$
Multiplikation	$a * b = c$	*Division*	$c \div b = a$
	$3 * 4 = 12$		$12 \div 4 = 3$

2.1 »Punkt-vor-Strich-Rechnung«

$$a + b * c = a + (b * c)$$

$$3 + 4 * 5 = 3 + (4 * 5) = 23$$

$$a - b \div c = a - (b \div c)$$

$$52 - 16 \div 2 = 52 - (16 \div 2) = 44$$

$$(a + b) * c = a * c + b * c$$

$$(5 + 8) * 3 = 5 * 3 + 8 * 3 = 39$$

2.2 Bruchrechnung

$$\text{Bruch} = \frac{\text{Zähler}}{\text{Nenner}}$$

$$\text{Kehrwehrt} = \frac{\text{Nenner}}{\text{Zähler}}$$

Brüche mit gleichem Nenner können addiert (subtrahiert) werden, indem die Zähler addiert (subtrahiert) werden:

$$\frac{a}{d}+\frac{b}{d}+\frac{c}{d}=\frac{(a+b+c)}{d}$$

$$\frac{2}{5}+\frac{4}{5}+\frac{10}{5}=\frac{16}{5}$$

Brüche werden multipliziert, indem jeweils die Zähler und jeweils die Nenner multipliziert werden:

$$\frac{a}{d}*\frac{b}{d}*\frac{c}{d}=\frac{a*b*c}{d^3}$$

$$\frac{3}{4}*\frac{7}{4}*\frac{2}{4}=\frac{42}{64}=\frac{21}{32}$$

Brüche werden dividiert, indem mit dem Kehrwert multipliziert wird:

$$\frac{a}{d}\div\frac{b}{d}\div\frac{c}{d}=\frac{a}{d}*\frac{d}{b}*\frac{d}{c}=\frac{a*d}{b*c}$$

$$\frac{3}{4}\div\frac{7}{4}\div\frac{2}{4}=\frac{3}{4}*\frac{4}{7}*\frac{4}{2}=\frac{3*4}{7*2}=\frac{12}{14}=\frac{6}{7}$$

Klammern werden durch Multiplizieren aufgelöst:

$$a*\left(\frac{a}{c}+\frac{b}{d}\right)=\frac{a^2}{c}+\frac{ab}{d}$$

$$2*\left(\frac{2}{5}+\frac{3}{2}\right)=\frac{4}{5}+\frac{6}{2}$$

2.3 Potenzrechnung

$$\text{Basis}^{\text{Potenz}}=\text{Zahl}$$

Die Potenz (auch als Exponent bezeichnet) gibt an, wie häufig die Basis mit sich selbst multipliziert wird:

$$3^4=3*3*3*3=81$$

Werden Potenzen mit gleicher Basis multipliziert, addieren sich die Potenzen:

$$a^b*a^c=a^{b+c}$$

$$2^4*2^5=2^{4+5}=2^9=512$$

Werden Potenzen mit gleicher Basis dividiert, subtrahieren sich die Potenzen:

$$a^b \div a^d = a^{b-d}$$

$$2^4 \div 2^3 = 2^{4-3} = 2^1 = 2$$

Negative Potenzen können auch als Bruch ausgedrückt werden:

$$a^{-b} = \frac{1}{a^b}$$

$$2^{-4} = \frac{1}{2^4} = \frac{1}{16}$$

Die Umkehrfunktion der Potenzrechnung ist das Wurzelziehen. Um eine Potenz aufzulösen, zieht man folgende Wurzel:

$$\sqrt[\text{Potenz}]{\text{Zahl}} = \text{Basis}$$

Die Wurzel kann auch als Potenz ausgedrückt werden, die Potenz bildet dann einen Bruch

$$\sqrt[a]{b} = b^{\frac{1}{a}}$$

$$\sqrt[2]{36} = 36^{\frac{1}{2}} = 6$$

In der Potenzrechnung bilden Zehnerpotenzen eine Sondergruppe: Im Falle der Zehnerpotenzen ist die Basis immer 10, nur die Potenz variiert:

$$10^1 = 10$$

$$10^2 = 100$$

$$10^3 = 1000$$

Stellt man Zahlen als Dezimalzahlen dar, bewirkt jede Zehnerpotenz eine Verschiebung des Kommas um eine Stelle: bei positiven Potenzen nach rechts, bei negativen nach links:

$$10^{-1} = 1{,}0$$

$$10^{-2} = 0{,}1$$

Bei der Auflösung einer Zehnerpotenz wird die Umkehrfunktion Logarithmus verwendet. Da hierbei die Basis immer 10 ist, muss diese im Logarithmus nicht genauer definiert werden. Dann spricht man von einem dekadischen Logarithmus:

$$\log_{10} 10 = \log 10 = 1$$

Logarithmen mit der gleichen Basis können durch Addition (Subtraktion) innerhalb des Logarithmus multipliziert (dividiert) werden:

$$\log a * \log b = \log(a + b)$$

$$\log 2 * \log 4 = \log(2 + 4)$$

Potenzen in einem Logarithmus können ausgedrückt werden, indem der Exponent mit dem Logarithmus multipliziert wird:

$\log a^b = b * \log a$

$\log 3^2 = 2 * \log 3$

Funktion *Potenzrechnung*	**Umkehrfunktion** *Wurzelziehen*
$x^n = a$	$\sqrt[n]{a} = x$
$3^4 = 81$	$\sqrt[4]{81} = 3$

(bei der Wurzel als Umkehrfunktion wird zur Basis hin aufgelöst)

$b^x = a$	*Logarithmus* $\log_b a = x$

(beim Logarithmus als Umkehrfunktion wird zur Potenz hin aufgelöst)

3 Einheiten und Präfixe

Um stöchiometrische Aufgaben erfolgreich lösen zu können, müssen die Einheiten und Präfixe beherrscht werden. Alle **Einheiten** leiten sich von den sieben SI (Système international d'unités)-Basiseinheiten ab. Die SI-Einheiten bilden das »Vokabular« der stöchiometrischen Textaufgaben. Ihre Bedeutung und dahinter stehende Formeln sind essenziell für die erfolgreiche Lösung einer stöchiometrischen Aufgabe. Für die Stöchiometrie wichtige Rechengrößen und Einheiten sind in der folgenden Tabelle aufgeführt:

	Kurzbezeichnung	**Einheit**
*Stoffmenge**	*n*	*mol*
*Masse**	*m*	*kg*
Molare Masse	*M*	*g/mol*
Stoffmengenkonzentration	*c*	*mol/L*
Massenkonzentration	β	*g/mL*
Volumen	*V*	*L*
Dichte	ρ	*g/mL*
Massenanteil	ω	*g/g, bzw. %*

* Bestandteil der SI-Basiseinheiten

MERKE:

Das Volumen wird nicht nur in Litern angegeben, sondern kann auch als Raumgröße wie dm^3, cm^3 etc. angegeben werden. Zur Erklärung hilft die folgende Vorstellung: Ein dm^3 beschreibt einen Raum mit den Kantenlängen 1 dm * 1 dm * 1 dm (also 10 cm * 10 cm * 10 cm). Dieser Raum kann mit Flüssigkeit gefüllt werden und umfasst dann genau 1 L.

$$1\ dm^3 = 1\ L$$

$$1\ cm^3 = 1\ mL$$

Beachte, dass hier zwischen 1 dm^3 und 1 cm^3 der Faktor 1000 liegt, da der Faktor 10, der zwischen dm und cm liegt, mit 3 potenziert wird: $10^3 = 1000$!

Präfixe dienen zur Abkürzung von Zehnerpotenzen vor den Einheiten. Jedes Präfix lässt sich einer Zehnerpotenz zuordnen.

Die Präfixe, deren Bedeutung und die Umrechnung der Potenzen sollten ohne Fehler beherrscht werden. Werden hier Fehler im Laboralltag gemacht, kann es zu einer massiven Unter-/Überdosierung kommen!

Potenz	Name	Zeichen	Beispiel
10^{-1}	Dezi	d	dm
10^{-2}	Zenti	c	cm
10^{-3}	Milli	m	mm
10^{-6}	Mikro	µ	µm
10^{-9}	Nano	n	nm
10^{-12}	Piko	p	pmol
10^{-15}	Femto	f	fmol
10^{-18}	Atto	a	amol
10^{1}	Deka	da	–
10^{2}	Hekto	h	hL
10^{3}	Kilo	k	kg
10^{6}	Mega	M	Mg = 1 t [Tonne, historisch]
10^{9}	Giga	G	Gigabyte
10^{12}	Tera	T	Terabyte

3.1 Übungsaufgaben Präfixe

3.1.1 Wie viele Nanogramm entsprechen 0,23 g?

Nano = 10^{-9}

$0{,}23\ g = 2{,}3 * 10^{-1} g$

$2{,}3 * 10^{-1} / 10^{-9} = 2{,}3 * 10^{8}\ ng$

3.1.2 Geben Sie 340 mL als hL an!

Milli = 10^{-3}

$340 * 10^{-3} L = 0{,}34\ L$

Hekto = 10^{2}

$0{,}34 L / 10^{2} = 3{,}4 * 10^{-3} hL$

3.1.3 Rechnen Sie um und verwenden Sie geeignete Zehnerpotenzen!

2,1 dm
a) in mm
b) in km

26 µg
c) in fg
d) in mg

3.1.4 Addieren bzw. subtrahieren Sie!

$36215\ \text{mg} + 2{,}56\ \text{g} + 0{,}021\ \text{kg} =$ ______ mg

$3{,}5 * 10^3\ \mu\text{m} + 2{,}6\ \text{dm} + 0{,}030\ \text{m} =$ ______ cm

$15{,}1 * 10^{-2}\ \text{L} + 350\ \text{mL} + 2500\ \mu\text{L} =$ ______ mL

3.1.5 Rechnen Sie um/berechnen Sie:

a) 50 µg in g

b) in µmol: $4{,}6 * 10^{-7}\ \text{mol}/10^{-2}$

c) in L: $6 * 10^{-2}\ \text{hL}$

d) in mm: 20 cm/40

Ergebnisse

Aufgabe 3.1.3

a) $2{,}1 * 10^{-1}\ \text{m}/10^{-3} = 2{,}1 * 10^{2}\ \text{mm} = 210\ \text{mm}$

b) $2{,}1 * 10^{-1}\ \text{m}/10^{3} = 2{,}1 * 10^{-4}\ \text{km}$

c) $26 * 10^{-6}\ \text{g}/10^{-15} = 2{,}6 * 10^{10}\ \text{fg}$

d) $26 * 10^{-6}\ \text{g}/10^{-3} = 2{,}6 * 10^{-2}\ \text{mg}$

Aufgabe 3.1.4

a) $60 * 10^3$ mg

b) 29 cm

c) 504 mL

Aufgabe 3.1.5

a) $5 * 10^{-5}$g

b) $4{,}6 * 10^{-5}$ mol = 46 µmol

c) 6 L

d) 0,5 cm = 5 mm

4 Stoffmenge, Molare Masse, Konzentration

Die ***Stoffmenge*** (n, Einheit mol) ist Teil der SI-Basiseinheiten. Sie drückt die Anzahl von Teilchen (Moleküle) einer Verbindung aus. Da diese Anzahl als reelle Zahl sehr groß wäre, wurde die Stoffmenge zum vereinfachten Umgang definiert. Die Definition bezieht sich auf 12 g des ^{12}C-Atoms, also des ^{12}C Isotops des Kohlenstoffs.

MERKE:

Stoffmenge 1 mol = Anzahl an Teilchen, wie in 12 g des ^{12}C-Isotops
Diese Anzahl als reelle Zahl entspricht der Avogadrozahl N_A

$$N_A = 6{,}023 * 10^{23} \text{ Teilchen}$$

12 g des ^{12}C-Isotops enthalten also ca. 602 300 000 000 000 000 000 000 Teilchen des ^{12}C-Isotopes.

Die Verknüpfung der Teilchenzahl mit einer Masse ist für den Laboralltag notwendig, da natürlich die Dosierung von Reagenzien oder Wirkstoffen über die Masse (einwiegen) erfolgt. Diese Verknüpfung erfolgt mit Hilfe der ***Molaren Masse***. Die Molare Masse (M, Einheit g/mol) gibt an, wie schwer eine Verbindung pro mol ist.

MERKE:

Für die Molare Masse gibt es auch die Bezeichnungen Molmasse, Molekulargewicht, molecular weight (MW) im Englischen.

Beispiel:
1 mol Federn und 1 mol Eisennägel haben zwar die gleiche Anzahl an Teilchen, aber durch das unterschiedliche spezifische Gewicht von einer Feder und einem Eisennagel deutlich unterschiedliche Gesamtmassen. Das spezifische Gewicht entspricht der Molaren Masse für Elemente oder Verbindungen.

Auch Elemente haben ein spezifisches Gewicht. Dieses findet sich im Periodensystem als Atommasse. Um die Molare Masse einer Verbindung zu ermitteln, benötigt man die molekulare Zusammensetzung (Summenformel) der Verbindung und das Periodensystem, aus dem die Massen der einzelnen Elemente abgelesen werden können. Das Molekulargewicht der Verbindung ergibt sich dann als Summe der Atommassen entsprechend der Summenformel.

Beispiel:
Molekulargewicht von Essigsäure

$$M(CH_3COOH) = 2 * M(C) + 2 * M(O) + 4 * M(H)$$

$$M(CH_3COOH) = 2 * 12 \text{ g/mol} + 2 * 16 \text{ g/mol} + 4 * 1 \text{ g/mol} = 60 \text{ g/mol}$$

MERKE:
Gängige Atommassen sollte man auswendig können:

$M(H) = 1\ g/mol$ $M(C) = 12\ g/mol$ $M(N) = 14\ g/mol$ $M(O) = 16\ g/mol$

Somit ergibt sich also aus der Stoffmenge (n) und der Molaren Masse (M) die Masse (m) einer Verbindung oder als Formel ausgedrückt:

$$m = n * M$$

$$n = \frac{m}{M}$$

Wichtig: Die Verbindung stellt einen Reinstoff dar, ist also nicht mit anderen Verbindungen verunreinigt. Stoffmenge und Molare Masse beziehen sich immer auf einen Reinstoff. Die daraus resultierende Masse also auch (dies wird beim Thema Mischungsrechnen wichtig).

4.1 Übungsaufgaben Stoffmenge und Molare Masse

4.1.1 Wie viele Teilchen Fe_2O_3 enthalten 3,50 mol Fe_2O_3?

$$1\ mol = 6{,}023 * 10^{23}\ \text{Teilchen}$$

$$3{,}50\ mol\ Fe_2O_3 = 3{,}5 * 6{,}023 * 10^{23} = 2{,}11 * 10^{24}\ \text{Teilchen}\ Fe_2O_3$$

4.1.2 Wie groß ist das Molekulargewicht von Tartrat? ($C_4H_4O_6^{2-}$)

$$M\left(C_4H_4O_6^{2-}\right) = 4 * M(C) + 4 * M(H) + 6 * M(O)$$

$$= 4 * 12\ g/mol + 4 * 1\ g/mol + 6 * 16\ g/mol = 148\ g/mol$$

4.1.3 Berechnen Sie die Stoffmenge von 2,6 g Silbernitrat! ($AgNO_3$) [M(Ag) = 107,87 g/mol]

$$M(AgNO_3) = M(Ag) + M(N) + 3 * M(O)$$

$$= 107{,}87\ g/mol + 14\ g/mol + 3 * 16\ g/mol = 169{,}87\ g/mol$$

1.1 $$n = \frac{m}{M} = \frac{2{,}6\ g}{169{,}87\ g/mol} = 0{,}015\ mol$$

4.1.4 Welche Masse (in kg) besitzen 4 mol Bariumsulfat? ($BaSO_4$) [M(Ba) = 137,33 g/mol; M(S) = 32,07 g/mol]

$M(BaSO_4) = 233{,}4\ g/mol$; $m = 0{,}9\ kg$

4.1.5 Berechnen Sie die Stoffmenge von Natriumhydroxid, die Sie erhalten, wenn Sie 600 mg Natriumhydroxid mit $25{,}1 * 10^{25}$ Teilchen Natriumhydroxid mischen? (NaOH) [M(Na) = 23,0 g/mol]

M(NaOH) = 40 g/mol; 0,015 mol + 416,7 mol = 416,7 mol = 417 mol

4.1.6 Wie viel Gramm Glukose entsprechen $30 * 10^2$ mmol Glukose ($C_6H_{12}O_6$)?

m(Glukose) = 54 g

4.1.7 Berechnen Sie das Molekulargewicht von Tetraiodomercurat $[HgI_4]^{2-}$ [M(Hg) = 200,6 g/mol; (I) = 126,9 g/mol]!

708,2 g/mol

4.1.8 Geben Sie an, wie viele Teilchen 30 Gramm Aluminiumoxid (A_2O_3) enthalten [M(Al_2O_3) = 101,96 g/mol]!

$1{,}8 * 10^{23}$ Teilchen

4.1.9 Welche Stoffmenge Magnesiumsulfat ist in 500 mg $MgSO_4$ x 7 H_2O enthalten? Und wie vielen Teilchen Magnesiumsulfat entspricht das, wenn das Magnesiumsulfat in Wasser gelöst wird [M($MgSO_4$) = 120,36 g/mol?]

n($MgSO_4$) = $2{,}03 * 10^{-3}$ mol

$2{,}44 * 10^{21}$ Teilchen

4.1.10 Wie viele mol KCl entsprechen $24{,}1 * 10^{25}$ Teilchen KCl? Und wie viele Kilogramm wiegen diese $24{,}1 * 10^{25}$ Teilchen [M(K) = 39,02 g/mol; (Cl) = 35,45 g/mol]?

n(KCl) = 400,1 mol

m(KCl) = 29,8 kg

Eine Konzentration, genauer ***Stoffmengenkonzentration*** (c, Einheit mol/L), gibt die Teilchenmenge einer Verbindung in einem definierten Volumen an.

Den Begriff konzentriert oder Konzentrat kennt man vielleicht aus dem Bereich der Fruchtsäfte. Dabei enthält ein Konzentrat immer viel Inhaltsstoff in wenig Lösung. Konzentrate werden zuerst verdünnt, bevor sie verwendet werden. Somit ist Verdünnen die Umkehrung zum Konzentrieren, wobei bei gleicher Menge Inhaltsstoff Lösungsmittel (z.B. Wasser) hinzugegeben (verdünnen) oder entfernt (konzentrieren) wird.

Nichts anderes sagt auch die Formel für die Stoffmengenkonzentration (c) aus: Wir betrachten eine bestimmte Menge (Stoffmenge n) Inhaltsstoff auf ein bestimmtes Volumen (V) Lösungsmittel.

$$c = \frac{n}{V} \text{ [mol/L]}$$

Wichtig: Eine Konzentration kann nur von Verbindungen bestimmt werden, die in dem Lösungsmittel gelöst vorliegen. Alles, was nicht gelöst ist, ist ein Feststoff und trägt nicht zur Konzentration der Verbindung bei.

MERKE:
Die Stoffmengenkonzentration wird häufig als **Konzentration** oder auch **Molarität** bezeichnet. Außerdem weist die Bezeichnung **molar** auf die Stoffmengenkonzentration hin.

4.2 Übungsaufgaben Konzentration

4.2.1 Wie groß ist die (Stoffmengen)konzentration von Eisen(III)-chlorid ($FeCl_3$), wenn 0,2 mol $FeCl_3$ in 500 mL wässriger Lösung gelöst vorliegen?

1.2
$$c(FeCl_3) = \frac{n(FeCl_3)}{V} = \frac{0{,}2\ mol}{0{,}5\ L} = 0{,}4\ mol/L$$

4.2.2 Berechnen Sie die Konzentration von Magnesiumsulfat ($MgSO_4$), wenn Sie 1,3 g Magnesiumsulfat in 0,2 dm³ Wasser lösen!
[M($MgSO_4$) = 120,37 g/mol]

1.2
$$c(MgSO_4) = \frac{n(MgSO_4)}{V}$$

und da gilt:

1.1
$$n = \frac{m}{M}$$

lautet der vollständige Term:

$$c(MgSO_4) = \frac{m(MgSO_4)}{M(MgSO_4) * V} = \frac{1{,}3\ g}{120{,}37\ g/mol * V}$$

$$= \frac{1{,}3\ g}{120{,}37\ g/mol * 0{,}2\ L} = 0{,}05\ mol/L$$

4.2.3 Wie groß ist die Konzentration an Natriumionen, wenn 36 g Natriumphosphat (Na_3PO_4) in 75 mL Wasser gelöst werden?
[M(Na_3PO_4) = 163,94 g/mol]

1.2
$$c(Na_3PO_4) = \frac{n(Na_3PO_4)}{V}$$

1.1
$$= \frac{m(Na_3PO_4)}{M(Na_3PO_4) * V}$$

Das wäre aber die Konzentration von Natriumphosphat und nicht der Natriumionen. Wie hängt die Konzentration der Natriumionen von der Konzentration an Natriumphosphat ab?

Der Zusammenhang wird durch das **Stoffmengenverhältnis** beschrieben. Das Stoffmengenverhältnis gibt an, welche Stoffmenge von der einen Substanz im Vergleich zur Stoffmenge der anderen Substanz vorhanden ist. Stoffmengenverhältnisse sind in der Stöchiometrie essenziell, vor allem bei dem Aufgabentyp des Stoffumsatzes wird darauf nochmal näher eingegangen. Hier eine kleine Zusammenfassung zu den Stoffmengenverhältnissen in Verbindungen:

Ein Salz AB zerfällt in Wasser in seine Bestandteile A^+ und B^-, und zwar in einem definierten Verhältnis, welches aus der Summenformel ablesbar ist.

Beispiele:

1:1-Salz AB ® $A^+ + B^-$

1 mol AB ® 1 mol A^+ + 1 mol B^-

$n(AB) = n(A^+) = n(B^-)$

somit das Stoffmengenverhältnis: $\frac{n(AB)}{n(A^+)} = \frac{1}{1}$ $n(AB) = n(A^+)$

1:3-Salz AB_3 ® $A^{3+} + 3\ B^-$

1 mol AB ® 1 mol A^{3+} + 3 mol B^-

$n(AB) = n(A^{3+}) = \frac{1}{3}n(B^-)$

somit das Stoffmengenverhältnis:

$\frac{n(AB)}{n(A^{3+})} = \frac{1}{1}$ $n(AB) = n(A^{3+})$ und $\frac{n(AB)}{n(B^-)} = \frac{1}{3}$ $n(AB) = \frac{1}{3}n(B^-)$

Na_3PO_4 ist ein 3:1-Salz $3\ Na^+$ PO_4^{3-}

somit das Stoffmengenverhältnis:

$\frac{n(Na^+)}{n(Na_3PO_4)} = \frac{3}{1}$ $n(Na^+) = 3 * n(Na_3PO_4)$

$$c(Na^+) = \frac{3 * n(Na_3PO_4)}{V} = \frac{3 * m(Na_3PO_4)}{M(Na_3PO_4) * V} = \frac{3 * 36\,g}{163{,}94\ g/mol * 0{,}075\,L} = 8{,}8\ mol/L$$

4.2.4 Wie viel Gramm Wasser entstehen bei der Umsetzung von 20 g Schwefelsäure mit 30 g Natronlauge [M(H_2SO_4) = 98,1 g/mol; M(NaOH) = 40,0 g/mol] ?

$n(H_2SO_4) = 0{,}2$ mol → limitierende Stoffmenge

$n(H_2O) = 0{,}4$ mol; $m(H_2O) = 7{,}2$ g

4.2.5 $FeCl_3$ dissoziiert in Wasser. Wie viel mmol Chloridionen liegen vor, wenn 100 mL $FeCl_3$-Lösung mit einer Konzentration von 2 mol/L vorliegen?

$n(Cl) = 600$ mmol

5 Massenkonzentration, Dichte, Massenanteil, Volumenanteil

Eine weitere Form der Konzentration ist die Massenkonzentration (β, seltener auch als γ abgekürzt; Einheit g/mL). Hierbei wird die Masse (m) einer gelösten Reinsubstanz auf ein Volumen (V) bezogen. Ebenso wie bei der Stoffmengenkonzentration kann die Massenkonzentration nur von gelösten Substanzen berechnet werden.

$$\beta = \frac{m}{V}$$

Da sich die Masse auch über die Stoffmenge (n) und Stoffmengenkonzentration (c) ausdrücken lässt, gilt folgender Zusammenhang:

$$\beta = \frac{n * M}{V} = c * M$$

Von der Massenkonzentration abzugrenzen ist die **Dichte** [ρ, Einheit g/mL, auch g/cm^3], obwohl beide Rechengrößen die gleiche Einheit besitzen. Bei beiden wird eine Masse auf ein Volumen bezogen, der Unterschied besteht in der Art der Masse. Im Falle der Massenkonzentration wird die Masse der Reinsubstanz, die im Lösungsmittel gelöst vorliegt, betrachtet. Im Falle der Dichte ist die Masse eines »Körpers« auf dessen Volumen bezogen. Dabei kann der Körper ein Feststoff oder eine Lösung sein.

$$\rho = \frac{m_{Körper}}{V_{Körper}}$$

Der Unterschied ist essenziell: Somit ist die Dichte eine Eigenschaft des »Körpers«, die Massenkonzentration gibt dagegen an, wie viel Substanz in einer Lösung gelöst ist.

Betrachten wir als Körper eine Lösung, so ergibt sich die Masse der Lösung aus der Masse des Lösungsmittels und der Masse der im Lösungsmittel gelösten Substanzen.

Da die Dichte die Eigenschaft eines Körpers/Lösung beschreibt, muss sie dem Aufgabentext oder einem Tabellenwerk entnommen werden. Sie ist nicht herleitbar, sondern nur messbar.

MERKE:
Die Dichte von Wasser beträgt 1 g/mL! Diesen Wert sollte man auswendig kennen, da er häufig vorausgesetzt wird.

Der **Massenanteil** (ω, m/m, engl. w/w) ist eine relative Größe, die sich auf die Masse einer Reinsubstanz in Verhältnis zu der Masse eines Gemisches bezieht. Ein Gemisch kann z.B. eine Mischung aus Festsubstanzen sein und ein Massenanteil z.B. auch eine Verunreinigung (also Reinstoff + »Dreck«) beschreiben. So verhält es sich auch bei Mischungen aus Lösungen, z.B. alkoholischen Getränken. Die Angabe % sagt dann aus, wieviel Gramm reiner Alkohol in 100 Gramm Getränk enthalten sind.

Da es sich um einen relativen Wert handelt, kann der Massenanteil als Dezimalzahl oder Prozentwert angegeben werden und trägt keine Einheit.

$$\omega = \frac{m_{Reinsubstanz}}{m_{Gemisch}}$$

Analog zum Massenanteil beschreiben auch der **Stoffmengenanteil** (n/n) und der **Volumenanteil** (V/V) ein relatives Verhältnis.

$$\frac{n_{Reinsubstanz}}{n_{Gemisch}} \qquad \frac{V_{Reinsubstanz}}{V_{Gemisch}}$$

5.1 Übungsaufgaben Massenkonzentration, Dichte, Massenanteil

5.1.1 Sie stellen 400 mL Natronlauge her, indem Sie 45 g NaOH in Wasser lösen. Die entstandene Lösung wiegt 444 g.
a) Wie groß ist die (Stoffmengen)Konzentration der Natronlauge?
b) Wie groß ist die Massenkonzentration der Natronlauge?
c) Wie groß ist die Dichte der Natronlauge?
d) Wie groß ist der Massenanteil von NaOH?
[M(NaOH) = 40 g/mol]

1.2 a) $c(NaOH) = \frac{n(NaOH)}{V} = \frac{m(NaOH)}{M(NaOH) * V} = \frac{45\,g}{40\,g/mol * 0{,}400\,L} = 2{,}8\,mol/L$

2.1 b) $\beta(NaOH) = \frac{m(NaOH)}{V} = \frac{45\,g}{400\,mL} = 0{,}11\,g/mL$

2.2 c) $\rho(NaOH) = \frac{m(NaOH_{Lösung})}{V} = \frac{444\,g}{400\,mL} = 1{,}11\,g/mL$

2.3 d) $\omega(NaOH) = \frac{m(NaOH_{rein})}{m(NaOH_{Lösung})} = \frac{45\,g}{444\,g} = 0{,}10 = 10\,\%$

5.1.2 Berechnen Sie den Massenanteil von KCl in einer Lösung, die ein Gemisch aus 40 g KCl, 30 g NaCl und 30 g 20 %ige H_2SO_4 enthält!

2.3 $\omega(KCl) = \frac{m(KCl)}{m_{Gemisch}} = \frac{40\,g}{40\,g + 30\,g + 30\,g} = 0{,}40 = 40\,\%$

5.1.3 Wie viel Massenprozent Eisen sind in 1 mol Eisenoxid (Fe_2O_3) enthalten?
[M(Fe) = 55,8 g/mol]

1.1 $M(Fe_2O_3) = 2 * M(Fe) + 3 * M(O) = 2 * 55{,}8\,g/mol + 3 * 16\,g/mol = 159{,}6\,g/mol$

$m(Fe) = M * n = 55{,}8\,g/mol * 2\,mol = 111{,}6\,g$

$$\omega(Fe) = \frac{m(Fe)}{m(Fe_2O_3)} = \frac{111{,}6\ g}{159{,}6\ g} = 0{,}6992 = 69{,}92\ \% = 70\ \%$$

5.2 Übungsaufgaben Stoffmenge, Konzentration, Massenanteil

5.2.1 In 100 g Wasser werden 5,2 g NaCl und 2,1 g KCl gelöst, wodurch die Dichte von 1,00 auf 1,06 g/mL ansteigt. Berechnen Sie den Massenanteil und die Stoffmengenkonzentration [mol/L] der Chloridionen in Lösung.
[M(NaCl) = 58,44 g/mol, M(KCl) = 74,55 g/mol, M(Cl) = 35,45 g/mol]

$$m_{Lösung\ gesamt} = m_{H_2O} + m_{NaCl} + m_{KCL} = 100\ g + 5{,}2\ g + 2{,}1\ g = 107{,}3\ g$$

$$V_{Lösung} = \frac{m}{\rho} = \frac{107{,}3\ g}{1{,}06\ g/mL} = 101{,}2\ mL$$ 2.2

$$n(Cl^-) = n(Cl^-)_{aus\ NaCl} + n(Cl^-)_{aus\ KCl}$$

$$= \frac{m(NaCl)}{M(NaCl)} + \frac{m(KCl)}{M(KCl)} = \frac{5{,}2\ g}{58{,}44\ g/mol} + \frac{2{,}1\ g}{74{,}55\ g/mol} = 0{,}12\ mol$$ 1.1

$$m(Cl^-) = n * M = 0{,}12\ mol * 35{,}45\ g/mol = 4{,}3\ g$$ 1.1

$$\omega(Cl^-) = \frac{m_{rein}}{m_{gesamt}} = \frac{4{,}3\ g}{107\ g} = 0{,}040 = 4{,}0\ \%$$ 2.3

$$c(Cl^-) = \frac{n}{V} = \frac{0{,}12\ mol}{0{,}101\ L} = 1{,}2\ mol/L$$ 1.2

5.2.2 Wie viele Tonnen 97 %ige Natriumchlorid-Lösung und 98,2 %ige Schwefelsäure sind theoretisch zur Herstellung von 20 Tonnen 30 %iger Salzsäure erforderlich?
[M(NaCl) = 58,44 g/mol, M(HCl) = 36,46 g/mol, M(H_2SO_4) = 98,08 g/mol]

$$2\ NaCL + H_2SO_4 \rightarrow 2\ HCl + Na_2SO_4$$

$$m_{rein}(HCl) = \omega * m_{ges} = 0{,}3 * 20 * 10^6\ g = 6 * 10^6\ g$$ 2.3

$$n(HCl) = \frac{m}{M} = \frac{6 * 10^6\ g}{36{,}46\ g/mol} = 164563{,}91\ mol$$ 1.1

$$m(NaCl)_{100\%} = 164563{,}91\ mol * 58{,}44\ g/mol = 9617114{,}9 = 9{,}6\ t$$ 1.1

$$m(NaCl)_{97\%} = \frac{m_{rein}}{\omega} = \frac{9{,}6\ Tonnen}{0{,}97} = 9{,}9\ t$$ 2.3

$$\frac{n(HCl)}{n(H_2SO_4)} = \frac{2}{1}$$

$$n(H_2SO_4) = \frac{1}{2} * n(HCl) = \frac{1}{2} * 164563{,}91 = 82281{,}95 \text{ mol}$$

$$m(H_2SO_4)_{100\%} = 82281{,}95 \text{ mol} * 98{,}08 \text{ g/mol} = 8070213{,}66 \text{ g}$$

2.3

$$m(H_2SO_4)_{98,2\%} = 8{,}22 \text{t}$$

5.2.3 Berechnen Sie die Stoffmengenkonzentration von reinem Wasser!
[M(H_2O) = 18,015 g/mol, ρ(H_2O) = 1,0 g/mL]

1.2,
1.1, 2.2

$$c(H_2O) = \frac{n}{V} = \frac{m}{M * V} = \frac{\rho}{M} = 55{,}5 \text{ mol/L}$$

Die Masse der Lösung entspricht der Masse der Reinsubstanz, da es sich um ein reines Lösungsmittel handelt. Somit kann in den Term der Konzentration die Dichte eingesetzt werden.

5.2.4 Sie lösen 10 g kristallines Kupfersulfat, welches 5 mol Kristallwasser pro mol Kupfersulfat enthält, in 100 mL Wasser. Berechnen Sie den Massenanteil der Lösung bezogen auf das wasserfreie Salz!
Geben Sie die Konzentration der Lösung in mol/L an!
[M($CuSO_4$) = 159,6 g/mol, M(H_2O) = 18,02 g/mol]

5,8 %
0,40 mol/L

5.2.5 Wie viel prozentig ist eine Natronlauge (M(NaOH) = 40,0 g/mol), die durch Auflösen von 11,5 g Natrium (M(Na) = 22,99 g/mol) in 500 g Wasser entsteht?

4 %

5.2.6 Wie viele Kilogramm Wasserstoff (H) enthält insgesamt 1 Tonne 98 %ige Schwefelsäure-Lösung?
[M(H_2SO_4) = 98,09 g/mol, M(H_2O) = 18,02 g/mol]

22,2 kg

5.3 Molares Gasvolumen

Um in der Chemie oder physikalischen Chemie mit Gasen rechnen zu können, geht man von einem idealen Gas aus. Das ist eine Modellvorstellung eines Gases, bei dem nur Stöße der Gasmoleküle untereinander und mit den Wänden angenommen werden. Durch diese Vereinfachung lassen sich die meisten thermodynamischen Prozesse von Gasen mathematisch beschreiben, z.B. mit der allgemeinen Gasgleichung, die die Abhängigkeit der Zustandsgrößen voneinander beschreibt:

$$p * V = n * R * T$$

(p = Druck [$1\ \text{atm} = 1{,}01325 * 10^5\ \text{Pa} = 1{,}01325\ \text{bar}$]; V = Volumen; n = Stoffmenge; R = universelle Gaskonstante [$R = 8{,}3144621(75)\ \text{J mol}^{-1}\ \text{K}^{-1}$]; T = absolute Temperatur [273,15 K])

Setzt man in diese allgemeine Gasgleichung die Variablen ein und nimmt für die Stoffmenge 1,00 mol an, erhält man das molare Gasvolumen. Dies ist das Volumen, welches 1,00 mol eines idealen Gases einnimmt:

$$V = \frac{n * R * T}{p} = \frac{1{,}00\ \text{mol} * 8{,}31\ \text{J/mol K} * 273{,}15\ \text{K}}{101{,}325\ \text{kPa}} = 22{,}4 \frac{\text{J}}{\text{kPa}}$$

Bei Verwendung dieser Einheit ist noch nicht ersichtlich, dass es sich um ein Volumen handelt. Dafür wandeln wir die Einheiten in die SI-Einheiten (m = Meter, kg = Masse, s = Sekunde) um, auf denen sie basieren:

$$\text{Pa} = \frac{\text{kg}}{\text{m} * \text{s}^2} \qquad \text{J} = \frac{\text{kg} * \text{m}^2}{\text{s}^2}$$

$$V = 22{,}4 \frac{\text{kg} * \text{m}^2}{\text{s}^2} * \frac{1}{1000} \frac{\text{m} * \text{s}^2}{\text{kg}}$$

Durch Kürzen bleibt folgender Term:

$$V = 22{,}4 \frac{\text{m}^3}{1000} = 22{,}4\ \text{dm}^3 = 22{,}4\ \text{L}$$

Dies ist die Herleitung des molaren Gasvolumens [V_m, L/mol] aus der allgemeinen Gasgleichung. In der Stöchiometrie lässt es sich weiterhin durch folgende Gleichungen beschreiben:

$$V_m = \frac{V}{n} = \frac{M}{\rho}$$

5.4 Verdünnen, Konzentrieren, Mischungsrechnen

Im Laboralltag stellt man häufig aus konzentrierten Säuren und Laugen Verdünnungen her. Mit der Berechnung von Mischungen und zugehörigen Aufgabentypen beschäftigt sich dieses Kapitel.

Mit Hilfe des Mischungsrechnens lassen sich Verdünnungen, Aufkonzentrieren und das Mischen mehrerer Lösungen unterschiedlicher Konzentration einer Substanz berechnen. Wichtig ist dabei zu beachten, dass es sich immer um Lösungen der gleichen Substanz handelt, die gemischt werden. Dies soll an der folgenden Abbildung (Abb. 1) verdeutlicht werden:

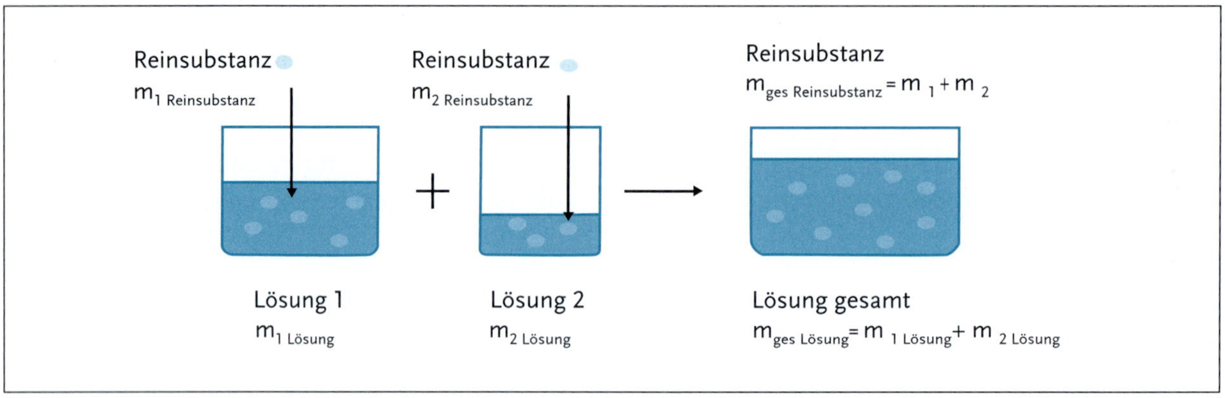

Abb. 1: Schematische Darstellung eines Mischungsvorganges

Die einzelnen Lösungen lassen sich jede für sich beschreiben über die Masse der gelösten Reinsubstanz (bzw. über die Stoffmenge), über die Masse der gesamten Lösung (das ergibt sich aus der Masse des Lösungsmittels und der Masse der gelösten Reinsubstanz, Erhaltung der Massen!) und über das Volumen der gesamten Lösung. Diese Größen hängen auch untereinander zusammen:

- Masse (m) der Reinsubstanz und Masse (m) der Lösungen über den Massenanteil (ω):

$$m_{1\,Reinsubstanz} = m_{Lösung\,1} * \omega_1$$

$$m_{2\,Reinsubstanz} = m_{Lösung\,2} * \omega_2$$

$$m_{Reinsubstanz} = m_{Lösung\,gesamt} * \omega$$

- Masse (m) und Volumen (V) der Lösungen über die Dichten (ρ):

$$\rho_1 = \frac{m_{Lösung\,1}}{V_{Lösung\,1}}$$

$$\rho_2 = \frac{m_{Lösung\,2}}{V_{Lösung\,2}}$$

$$\rho = \frac{m_{Lösung\,gesamt}}{V}$$

Und da immer der Satz zur Erhaltung der Masse gilt, also niemals Masse verloren geht, kann man infolge eines Mischungsvorgangs immer folgende Parameter berechnen:

- Masse der gesamten Reinsubstanz in der neuen Mischung als Summe der einzelnen Massen der Reinsubstanz:

$$m_{Reinsubstanz\,gesamt} = m_{Reinsubstanz\,1} + m_{Reinsubstanz\,2} + \ldots + m_{Reinsubstanz\,n}$$

- Gesamtmasse der neuen Mischung als Summe der Massen der einzelnen Lösungen:

$$m_{\text{Lösung gesamt}} = m_{\text{Lösung 1}} + m_{\text{Lösung 2}} + \ldots + m_{\text{Lösung n}}$$

Und da die Masse (m) der Reinsubstanz über den Massenanteil (ω) mit der Masse der jeweiligen Lösung zusammenhängt, kann man einen Mischungsvorgang auch mit der folgenden Gleichung beschreiben:

$$m_{\text{Lösung gesamt}} * \omega_{\text{gesamt}} = m_{\text{Lösung 1}} * \omega_1 + m_{\text{Lösung 2}} * \omega_2 + \ldots + m_{\text{Lösung n}} * \omega_n$$

$$m_{\text{Lösung gesamt}} * \omega_{\text{gesamt}} = m_{\text{Reinsubstanz 1}} + m_{\text{Reinsubstanz 2}} + \ldots + m_{\text{Reinsubstanz n}}$$

MERKE:
Mit dieser allgemeinen Mischungsgleichung lassen sich das Mischen, das Verdünnen und das Konzentrieren berechnen. Im Falle des Konzentrierens oder Verdünnens ist das Lösungsmittel eine Komponente, in der jedoch keine Reinsubstanz gelöst vorliegt. Somit wird hier der Massenanteil gleich Null gesetzt.

Beispiel:
Aus 400 g einer 40 %igen $NaNO_3$-Lösung soll eine 20 %ige $NaNO_3$-Lösung durch Wasserzugabe hergestellt werden. Wie viel Gramm H_2O sind zum Verdünnen nötig und wie viel Kilogramm 20 %ige Lösung entstehen?

$$m_{\text{Lösung gesamt}} * \omega_{\text{gesamt}} = m_{\text{Lösung 1}} * \omega_1 + m_{\text{Lösung 2}} * \omega_2$$

Der Mischungsvorgang besteht auch hier aus zwei Komponenten, und zwar aus der 40 %igen Lösung (Lösung 1) und Wasser (Lösung 2). Von Lösung 1 ist sowohl die Masse (m) der Lösung 1 bekannt (400 g) als auch der Massenanteil (ω, 0,4). Da jedoch mit reinem Wasser verdünnt wird, und somit im Falle des Wassers der Massenanteil gelöster Substanz Null ist, wird für Lösung 2 der Term des Massenanteils (ω) Null.

$$\left(m_{\text{Lösung 1}} + m_{\text{Lösung 2}}\right) * 0{,}2 = 400\,\text{g} * 0{,}4 + m_{H_2O} * 0$$

Das Produkt wird jedoch auch Null, wenn ein Faktor Null ist, sodass insgesamt für den Ausdruck $m_{H_2O} * \omega_{H_2O}$ Null eingesetzt wird.

$$\left(400\,\text{g} + m_{H_2O}\right) * 0{,}2 = 400\,\text{g} * 0{,}4 + 0$$

Somit bleibt als einzige Unbekannte m_{H_2O}, nach der die Gleichung aufgelöst wird:

$$400\,\text{g} * 0{,}2 + m_{H_2O} * 0{,}2 = 160\,\text{g}$$

$$80\,\text{g} + 0{,}2 * m_{H_2O} = 160\,\text{g}$$

$$0{,}2 * m_{H_2O} = 80\,\text{g}$$

$$m_{H_2O} = 400\,\text{g}$$

Es wurden 400 g Wasser benötigt, um die 20%ige Lösung herzustellen, von der insgesamt 800 g entstanden sind:

$$\left(m_{\text{Lösung 1}} + m_{\text{Lösung 2}}\right) = m_{\text{Lösung gesamt}}$$

$$\left(400\ \text{g} + 400\ \text{g}\right) = 800\ \text{g} = 0{,}8\ \text{kg}$$

WICHTIG:

Es gilt wie oben beschrieben das Gesetz zur Erhaltung der Masse, das heißt für die Stöchiometrie, dass Massen miteinander addiert oder subtrahiert werden können. Anders verhält sich das bei Volumina, da diese sich abhängig von der Dichte nicht linear verhalten. 200 mL + 300 mL müssen nicht 500 mL ergeben, sondern nur, wenn bei beiden Lösungen die Dichte gleich ist. Häufig verringert sich das Volumen beim Mischen von Flüssigkeiten (sogenannte Volumenkontraktion).

Eine weitere Möglichkeit, Mischungen zu berechnen, ist über das **Mischungskreuz**.
Dies ist eine vereinfachte Möglichkeit, Mischungen **zweier** Komponenten zu berechnen. Wichtig ist, dass hier nur Massen bzw. Massenanteile eingesetzt werden können!
Wie das Mischungskreuz funktioniert, ist schematisch in Abb. 2 dargestellt.

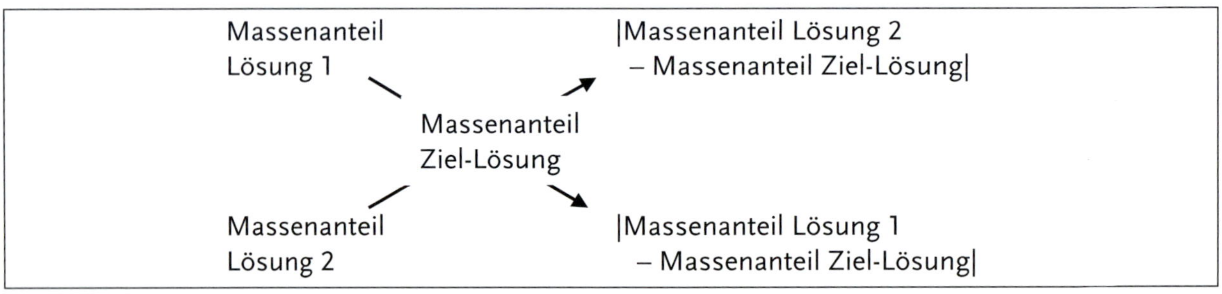

Abb. 2: Allgemeine Dartsellung des Mischungskreuzes

Mithilfe des Mischungskreuzes erhält man das Verhältnis der beiden Komponenten. Dieses rechnet man anschließend in die herzustellende Masse der Ziel-Lösung um.

Beispiel:

600 g einer 22%igen Lösung sollen aus zwei Lösungen, die 35% bzw. 15% Massenanteil besitzen, hergestellt werden.

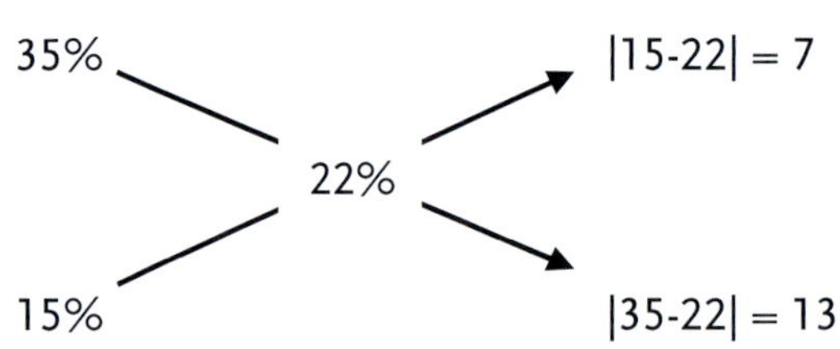

Zur Lösung dieser Aufgabe mittels Mischungskreuz werden zuerst die Massenprozent (ω) der zu mischenden Lösungen in die linke obere und untere Ecke des Mischungskreuzes geschrieben. Der Massenanteil (ω), der durch die Mischung erreicht werden soll, wird in die Mitte geschrieben. Zur Visualisierung des Rechenweges werden nun die diagonalen Linien gezogen und die auf einer Linie liegenden Zahlen subtrahiert. Lösung 1 enthält 35%, davon werden die zu erreichenden 22% abgezogen, was 13 ergibt. Diese Berechnung, bzw. das Ergebnis, wird in die Ecke der rechten Seite geschrieben, auf die die diagonale Linie weist. Wichtig ist, dass nach der Subtraktion der Betrag verwendet wird, also die Ergebnisse ein positives Vorzeichen haben. Subtrahieren wir von den 15% der Lösung 2 die zu erreichenden 22 %, erhalten wir als Ergebnis -7, also nach Anwendung des Betrags 7. Diese Ergebnisse, die nun in den rechten Ecken des Mischungskreuzes stehen, geben an, wie viele Teile (auf die Masse bezogen) von einer Lösung zum Mischen eingesetzt werden. Dabei bezieht sich diese Angabe immer auf die Lösung, die in der gleichen Zeile steht. Mit anderen Worten, in der rechten oberen Ecke des Mischungskreuzes steht, wie viele Teile von der Lösung 1, welche in der linken oberen Ecke des Mischungskreuzes notiert worden ist, benötigt werden. Von Lösung 1 (35 %) werden also 7 Teile verwendet, von Lösung 2 (15 %) 13 Teile. Jetzt muss nur noch berücksichtigt werden, welche Masse einem Teil entspricht. Dies erhält man aus der Überlegung, wie viel Gramm der gemischten Lösung hergestellt werden sollen. In unserem Beispiel sollen 600 g hergestellt werden. Als nächsten Schritt werden die Teile der beiden Lösungen summiert, um festzustellen, aus wie vielen Teilen die gemischte Lösung besteht. Dafür werden die Beträge aus den rechten Ecken addiert. In unserem Beispiel besteht die fertige Lösung also aus 20 Teilen (7 Teile + 13 Teile). Wenn also 600 g hergestellt werden sollen, entspricht 1 Teil (600/20) 30 g. Somit werden also 210 g $(30\ g * 7\,Teile)$ Lösung 1 verwendet und 390 g $(30\ g * 13\,Teile)$ Lösung 2.

5.5 Übungsaufgaben Mischungsrechnen

5.5.1 Sie mischen 300 g einer 40 %igen $PbCl_2$-Lösung mit 1200 g einer 15 %igen $PbCl_2$-Lösung. Welchen prozentualen Gehalt hat die dabei entstehende Mischung?

$$m_{Lösung\ gesamt} * \omega_{gesamt} = m_{Lösung\ 1} * \omega_1 + m_{Lösung\ 2} * \omega_2$$

$$\left(m_{Lösung\ 1} + m_{Lösung\ 2}\right) * \omega_{gesamt} = 300\ g * 0{,}4 + 1200\ g * 0{,}15$$

$$(300\ g + 1200\ g) * \omega_{gesamt} = 120\ g + 180\ g$$

$$\omega_{gesamt} = \frac{m_{Reinsubstanz\ gesamt}}{m_{Lösung\ gesamt}} = \frac{120\ g + 180\ g}{300\ g + 1200\ g} = \frac{300\ g}{1500\ g} = 0{,}20 = 20\ \%$$

5.5.2 Zu mischen sind 470 g einer 12,0 %igen Salpetersäure mit 225 g einer 15,0 %igen Salpetersäure und mit 80,0 g einer 25,0 %igen Salpetersäure. Berechnen Sie den Massenanteil an Salpetersäure in der Mischung!

$$m_{Lösung\ gesamt} * \omega_{gesamt} = m_{Lösung\ 1} * \omega_1 + m_{Lösung\ 2} * \omega_2 + m_{Lösung\ 3} * \omega_3$$

$$\left(m_{Lösung\ 1} + m_{Lösung\ 2} + m_{Lösung\ 3}\right) * \omega_{gesamt} = 470\ g * 0{,}12 + 225\ g * 0{,}15 + 80\ g * 0{,}25$$

$$(470\ g + 225\ g + 80\ g) * \omega_{gesamt} = 56{,}4\ g + 33{,}75\ g + 20\ g$$

$$\omega_{gesamt} = \frac{110{,}15\ g}{775\ g} = 0{,}142 = 14{,}2\ \%$$

5.5.3 Aus 0,36 kg einer 25 %igen KCl Lösung soll durch Verdampfen oder Abdestillieren von Wasser eine 55 %ige KCl-Lösung hergestellt werden. Wie viel mL Wasser müssen entfernt werden?

$$m_{\text{Lösung gesamt}} * \omega_{\text{gesamt}} = m_{\text{Lösung 1}} * \omega_1 + m_{\text{Lösung 2}} * \omega_2$$

$$(m_{\text{Lösung 1}} - m_{H_2O}) * 0{,}55 = 360\ g * 0{,}25 - m_{H_2O} * 0$$

$$(360\ g - m_{H_2O}) * 0{,}55 = 360\ g * 0{,}25 - m_{H_2O} * 0$$

$$198\ g - 0{,}55 * m_{H_2O} = 90\ g$$

$$-0{,}55 * m_{H_2O} = -108\ g$$

$$m_{H_2O} = 196{,}36\ g = 196\ g$$

2.2 $= 196\ mL$

5.5.4 Wie viel Gramm 15 %ige NaOH erhält man durch Verdünnen von 1 L 50 %iger NaOH mit der Dichte ρ = 1,644 g/mL? (Verwenden Sie bei Ihrer Berechnung bitte das Mischungskreuz!)

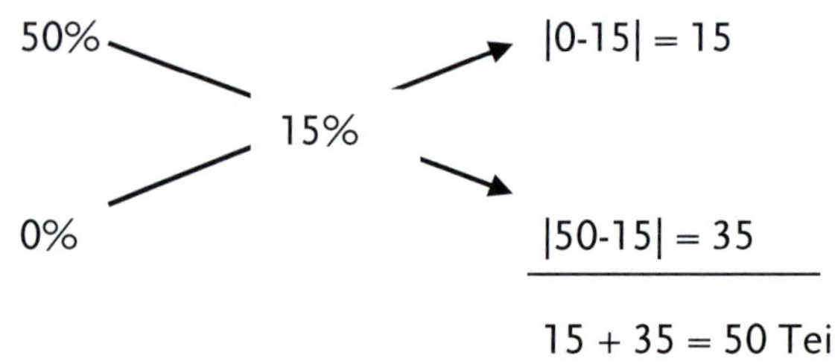

1644 g = 15 Teile

1 Teil = 109,6 g

50 Teile = 109,6 g * 50 = 5480 g

5.5.5 Wie viel mL einer 25 %igen Ammoniak-Lösung (ρ = 0,91 g/cm³) sind zur Herstellung von 250 g einer 5 %igen Ammoniak-Lösung notwendig?

3.1 $$m_{\text{Lösung gesamt}} * \omega_{\text{gesamt}} = m_{\text{Lösung 1}} * \omega_1 + m_{\text{Lösung 2}} * \omega_2$$

$$250\ g * 0{,}05 = m_{\text{Lösung 1}} * 0{,}25 + 0$$

$$m_{\text{Lösung 1}} = 50\ g$$

2.2 $$V = \frac{m_{\text{Lösung 1}}}{\rho_{\text{Lösung 1}}} = \frac{50\ g}{0{,}91\ g/mL} = 54{,}95\ mL = 55\ mL$$

5.5.6 Sie mischen 300 mL einer 0,40-molaren mit 500 mL einer 2 molaren Schwefelsäure (H_2SO_4). Dadurch erhalten Sie 866 g eines Gemisches der Dichte 1,085 kg/dm³.
a) Berechnen Sie den Massenanteil Schwefelsäure der resultierenden Lösung!
b) Wie viel Gramm Wasser muss man entfernen, um eine 18,0 %ige H_2SO_4-Lösung zu erhalten?
[M(H_2SO_4) = 98,0 g/mol]

a) $n(H_2SO_4) = 1{,}12\ mol;\ m(H_2SO_4) = 109{,}76\ g;\ \omega = 12{,}67\%$

b) $m(H_2O) = 256{,}22\ g$

5.5.7 **Aus 200 g Mangansulfat $MnSO_4 * 7\ H_2O$ soll eine wässrige Lösung mit 30,0 % Massenanteil an kristallwasserfreiem Mangansulfat hergestellt werden.**
Berechnen Sie mit Hilfe der Mischungsgleichung bzw. des Mischungskreuzes, wie viel mL Wasser benötigt werden?
[$M(MnSO_4)$ = 151,00 g/mol, $M(H_2O)$ = 18,02 g/mol]

$V(H_2O)$ = 163,23 mL = 163 mL

5.5.8 **Aus 0,35 L einer 25 %igen Essigsäure (HOAc, ρ = 1033 g/L) werden durch Verdünnen mit Wasser 0,5 Liter einer Essigsäure-Lösung hergestellt. Welche Konzentration hat die entstandene Essigsäure-Lösung?**
[M(HOAc) = 60,03 g/mol]

c(HOAc) = 3 mol/L

5.5.9 **Zur Herstellung einer Phosphorsäure-Lösung (H_3PO_4) mischen Sie vier Komponenten: 1) 500 mL einer 25 %igen Phosphorsäure (ρ = 1,146 kg/L); 2) 250 mL einer 50 %igen Phosphorsäure (ρ = 1,335 kg/L); 3) 300 mL einer 1,0 molaren Phosphorsäure. Anschließend wird die erhaltene Säure mit Wasser auf 2,0 L verdünnt. Berechnen Sie den Massenanteil und die Konzentration der resultierenden Säure (ρ = 1,088 kg/L)!**
[$M(H_3PO_4)$ = 97,99 g/mol]

$c(H_3PO_4)$ = 1,7 mol/L; ω = 15,6 %

5.5.10 **Auf welches Volumen sind 100 mL Kochsalzlösung (NaCl) mit 15 % Massenanteil und der Dichte 1,10 g/mL zu verdünnen, wenn daraus eine Lösung der Konzentration 0,9 mol/L hergestellt werden soll?**
[M(NaCl) = 58,443 g/mol]

V = 0,3 L

5.5.11 **Bei der Herstellung einer 50 %igen KOH-Lösung aus festem KOH mit einem Reinheitsgehalt von 90 % und Wasser wurde zu viel Wasser verwendet, sodass eine 45 %ige Lösung entstand. Wie viel festes KOH (Reinheitsgehalt 90 %) muss zu 200 g dieser Lösung zugesetzt werden, damit der gewünschte Massenanteil (50 %) erreicht wird?**

$m(KOH_{90\%})$ = 25 g

5.5.12 **Königswasser wird beim Mischen von HCl und HNO_3 erhalten. Berechnen Sie das Massenverhältnis, in dem 20 %ige HCl mit 60 %iger HNO_3 gemischt werden müssen, damit das Stoffmengenverhältnis im Königswasser 3 mol HCl pro 1 mol HNO_3 beträgt.**
[M(HCl) = 36,46 g/mol, $M(HNO_3)$ = 63,02 g/mol]

Massenverhältnis 5,2/1

5.5.13 **Es sollen 345 g einer 62,0 %igen Schwefelsäure (H_2SO_4) mit einer 25 %igen Schwefelsäure so verdünnt werden, dass 645 mL einer 5,30 molaren Schwefelsäure-Lösung entstehen.**
a. Wie viel Gramm 25,0 %ige Schwefelsäure müssen zugesetzt werden?
b. Wie viel Gramm der entstandenen Schwefelsäure liegen dann vor?
[$M(H_2SO_4)$ = 98 g/mol, $\rho(H_2SO_4$ gem.) = 1,30 g/cm³]

$m(H_2SO_{4,25\%})$ = 496,8 g = 497 g; $m(H_2SO_{4\,gem})$ 838,5 g = 839 g

5.5.14 **Sie stellen 3,51 kg einer 2 M Salpetersäure (ρ = 1,17 g/cm³) her. Zur Verfügung steht Ihnen eine 60 %ige Salpetersäure (ρ = 1,37 g/cm³), die Sie mit Wasser verdünnen. Wie viel mL 60 %ige Salpetersäure und wie viel mL Wasser benötigen Sie zur Herstellung?**
[M(HNO_3) = 63 g/mol]

$V(HNO_{3\,60\%}) = 459{,}85\ mL = 460\ mL; V(H_2O) = 2880\ mL$

5.5.15 **Sie mischen 200 mL einer 0,5 molaren Salpetersäure mit 300 mL einer 0,2 molaren Salpetersäure. Nehmen Sie dabei an, dass es zu keiner Veränderung der Dichte (ρ = 1 kg/dm³) kommt! Berechnen Sie den Massenanteil des Gemisches! Wie viel Gramm Wasser müssen entfernt werden, um eine 15 %ige Salpetersäure-Lösung zu erhalten?**
[M(HNO_3) = 63 g/mol]

$\omega(HNO_3) = 2\,\%; m(H_2O) = 432{,}8\ g = 433\ g$

5.5.16 **30 g einer Ammoniak-Lösung mit dem Massenanteil 0,2 werden mit 60 g einer 5 %igen Ammoniak-Lösung gemischt und anschließend mit 270 mL Wasser verdünnt. Die Dichte der fertigen Lösung beträgt 0,98 g/mL. Berechnen Sie den Massenanteil und die Stoffmengenkonzentration der resultierenden Ammoniak-Lösung!**
[M(NH_3) = 17,03 g/mol]

$\omega(NH_3) = 2{,}5\,\%; c(NH_3) = 1{,}44\ mol/L = 1{,}4\ mol/L$

5.5.17 **500 mL einer Phosphorsäure-Lösung (ω = 0,25, ρ = 1146 g/dm³) werden mit 250 mL einer 50 %igen Phosphorsäure-Lösung (ρ = 1,335 kg/L) und 300 mL einer 1 molaren Phosphorsäure (ρ = 1,053 g/mL) gemischt. Welchen Massenanteil besitzt die entstandene Mischung? Wie viel mL Wasser müssen Sie noch hinzugeben, damit ein Massenanteil von 15 % erreicht wird?**
[M(H_3PO_4) = 97,99 g/mol]

$\omega(H_3PO_4) = 27{,}8\,\% = 28\,\%; V(H_2O) = 1040{,}8\ mL = 1041\ mL$

5.6 Gemischte Übungsaufgaben Konzentrationen, Dichte, Massenanteil und Mischungsrechnen

5.6.1 Aus 185 mL einer 0,63 molaren Natriumchlorid-Lösung (ρ = 1,05 g/mL) soll durch Zugabe von festem Natriumchlorid eine 5 %ige Lösung hergestellt werden. Leider ist das feste Natriumchlorid zu 2,7 % verunreinigt. Wie viel Gramm festes Natriumchlorid ist hinzuzugeben?
Es wird angenommen, dass sich die Dichte durch Zugabe des festen NaCl nicht verändert.
[M(NaCl) = 58,44 g/mol]

$n(NaCl) = c * V = 0{,}63\ mol/L * 0{,}185\ L = 0{,}117\ mol$ 1.2

$m(NaCl) = n * M = 0{,}117\ mol * 58{,}44\ g/mol = 6{,}81\ g$ 1.1

$m(NaCl)_{Lös} = \rho * V = 1{,}05\ g/mL * 185\ mL = 194{,}25\ g$ 2.2 2.3

$6{,}81\ g + x = (194{,}25\ g + x) * 0{,}05$

$6{,}81\ g + 1x = 9{,}71\ g + 0{,}05\ x$

$0{,}95\ x = 2{,}90$

$x = 2{,}90/0{,}95 = 3{,}06\ g\ (100\%)$

$3{,}14\ g\ (97{,}3\%)$

Diese sind aber zu 2,7 % verunreinigt, also hat der NaCl-Feststoff einen Massenanteil an sauberem NaCl von 97,3 %:

$m(NaCl)_{fest\ 2,7\%} = \frac{m_{rein}}{\omega} = \frac{3{,}06\ g}{0{,}973} = 3{,}14\ g$ 2.3

5.6.2 Sie mischen 200 mL einer 20,0 %igen Schwefelsäure-Lösung (ρ = 1,14 kg/L) mit 300 mL einer Salzsäure-Lösung (c(HCl) = 8,81 mol/L, ρ = 1140 g/L). Danach füllen Sie mit Wasser auf 1000 mL Endvolumen auf. Berechnen Sie jeweils den Massenanteil der Schwefelsäure, der Salzsäure und des Wassers in der fertigen Lösung (ρ = 1,08 kg/L)!
[M(HCl) = 36,5 g/mol]

$\omega(H_2SO_4) = 4{,}22\ \%;\ \omega(H_2O) = 86{,}85\%; \omega(HCl) = 8{,}93\ \%$

5.6.3 Sie destillieren 3 mL Ethanol aus 25 mL einer ethanolischen Lithiumchlorid-Lösung (ρ = 0,82 g/mL) ab, in der 3,5 g LiCl gelöst vorliegen. Die Dichte der ethanolischen Lithiumchlorid-Lösung verändert sich dabei nicht. Berechnen Sie den Massenanteil der entstandenen Lösung und die Massenkonzentration der zugrundeliegenden Lösung!
[M(LiCl) = 42,39 g/mol, ρ(EtOH) = 0,79 g/mL]

$\omega(LiCl) = 19{,}3\ \%; \beta(LiCl) = 0{,}14\ g/mL$

5.6.4 Berechnen Sie die Stoffmenge der Hydroxidionen, die nach folgender Mischung vorliegen: 500 mL 4,2 %iger NaOH-Lösung (ρ = 1,45 g/mL) mit 1500 mL einer NaOH-Lösung (ρ = 1195 g/L, ω = 0,178) und 500 mL einer 3,0 molaren Salzsäure-Lösung!
[M(NaOH) = 40,0 g/mol]

$n(NaOH) = 7{,}24\ mol = 7{,}2\ mol$

5.6.5 Ein Vorratstank ($2\,m * 2\,m * 1{,}5\,m$) ist zu 2/3 mit Wasser gefüllt. Wie viele Kanister einer 32 %igen Alkohol-Lösung (15 L pro Kanister, $\rho = 0{,}952$ g/mL) benötigen Sie, um den Alkoholgehalt des Wassers in dem Vorratstank auf 1 % zu bringen?

9 Kanister (135 L)

6 Volumenkontraktion

Wie zuvor im Kapitel Mischungsrechnen beschrieben, muss bei der Berechnung von Volumina die Dichte mit einbezogen werden, da das Addieren von Volumina nicht zum korrekten Ergebnis führt.

Bei der Mischung von Lösungen zweier Volumina wird das resultierende Volumen kleiner ausfallen als die Addition der Volumina. Dies wird als Volumenkontraktion bezeichnet.

> **MERKE:**
> Zur Berechnung von Volumina wird die Angabe einer Dichte benötigt. Das Volumen einer Lösung kann über ihr Gewicht und ihre Dichte charakterisiert werden.

6.1 Übungsaufgaben Volumenkontraktion

6.1.1 Sie lösen 80,02 g Natriumhydroxid (NaOH) in 500 mL Wasser H_2O (ρ = 1,00 g/mL). Die Dichte der fertigen Lösung beträgt 1,150 g/mL. Berechnen Sie die Konzentration der NaOH-Lösung sowohl unter Berücksichtigung der Volumenänderung als auch als Näherung!
[M(NaOH) = 40,01 g/mol]

Berechnung als Näherung:

$$c(\text{NaOH}) = \frac{n(\text{NaOH})}{V} = \frac{m(\text{NaOH})}{M(\text{NaOH}) * V} = \frac{80{,}02\ \text{g}}{40{,}01\ \text{g/mol} * 0{,}5\ \text{L}} = 4\ \text{mol/L}$$ 1.2, 1.1

Berechnung mit Berücksichtigung der Volumenänderung:

$$c(\text{NaOH}) = \frac{n(\text{NaOH})}{V} = \frac{m(\text{NaOH})}{M(\text{NaOH}) * V} = \frac{80{,}02\ \text{g}}{40{,}01\ \text{g/mol} * V}$$ 1.2, 1.1

$$\rho = \frac{m_{\text{Lös}}}{V} = \frac{m(\text{NaOH}) + m_{H_2O}}{V}$$ 2.2

$$V = \frac{80{,}02\ \text{g} + 500\ \text{g}}{1{,}15\ \text{g/mL}} = \frac{580{,}02\ \text{g}}{1{,}15\ \text{g/mL}} = 504{,}4\ \text{mL}$$

$$c(\text{NaOH}) = \frac{n(\text{NaOH})}{V} = \frac{m(\text{NaOH})}{M(\text{NaOH}) * V} = \frac{80{,}02\ \text{g}}{40{,}01\ \text{g/mol} * 0{,}504\ \text{L}} = 3{,}97\ \text{mol/L}$$

6.1.2 Sie mischen 150 mL einer 3,6 molaren Magnesiumsulfat-Lösung (ρ = 1,08 g/mL) mit 650 mL Wasser. Dadurch kommt es zu einer Volumenabnahme. Berechnen Sie die genaue Stoffmengenkonzentration der resultierenden Magnesiumsulfat-Lösung (ρ = 1,02 g/mL)! Wie viel Gramm Magnesiumsulfat-Hexahydrat ist eingewogen worden, um die 3,6 molare Lösung herzustellen? [M($MgSO_4$ * 6 H_2O) = 203,3 g/mol]

2.2 $$m(MgSO_{4Lös}) = \rho * V = 1{,}08\ g/mL * 150\ mL = 162\ g$$

$$m(MgSO_{4Lös\,ges}) = 162\ g + m(H_2O) = 162\ g + 650\ g = 812\ g$$

2.2 $$V(MgSO_{4Lös\,ges}) = \frac{m(MgSO_{4Lös\,ges})}{\rho} = \frac{812\ g}{1{,}02\ g/mL} = 796\ mL$$

1.2 $$n(MgSO_4) = c * V = 3{,}6\ mol/L * 150\ mL = 0{,}54\ mol$$

1.2 $$c(MgSO_4) = \frac{n}{V} = \frac{0{,}54\ mol}{0{,}796\ L} = 0{,}68\ mol/L$$

1.1 $$m(MgSO_4 * 6\,H_2O) = n * M = 0{,}54\ mol * 203{,}3\ g/mol = 109{,}8\ g$$

6.1.3 In 2 L einer 12 %igen Na_2SO_4-Lösung (ρ = 1,04 g/mL) geben Sie so viel festes Glaubersalz (Na_2SO_4 * 10 H_2O), dass eine 35 %ige Na_2SO_4-Lösung (ρ = 1,1 g/mL) entsteht!

a. Berechnen Sie die Masse an Glaubersalz, die Sie dafür einwiegen mussten!

b. Geben Sie die Volumenänderung in Litern an!

[M(Na_2SO_4) = 142,04 g/mol]

3.1 $$\omega_1 * m_{Lös\,1} + m_{2\,Reinstoff} = \omega_{ges} * m_{ges}$$

2.2 $$m_{Lös\,1} = \rho * V = 1{,}04\ g/mL * 2000\ mL = 2080\ g$$

$$m_{1Reinstoff} + m_{2\,Reinstoff} = \omega_{ges} * m_{ges}$$

$$249{,}6\ g + x\ g = 0{,}35 * (2080\ g + x\ g)$$

$$249{,}6\ g + x\ g = 728\ g + 0{,}35x\ g$$

$$0{,}65\ x = 728\ g - 249{,}6\ g$$

$$x = 736\ g\ Na_2SO_4$$

$$M(Glaubersalz) = 142{,}04\ g/mol + 10 * 18\ g/mol = 322{,}04\ g/mol$$

1.1 $$m(Glaubersalz) = n * M = \frac{m}{M} * M = \frac{736\ g}{142{,}04\ g/mol} * 322{,}04\ g/mol = 1668{,}7\ g$$

$$m_{ges} = 2080\ g + m_{Glaubersalz} = 2080\ g + 1668{,}7\ g = 3748{,}7\ g$$

2.2 $$V_{ges} = \frac{m_{ges}}{\rho} = \frac{3748{,}7\ g}{1{,}1\ g/mL} = 3407{,}9\ mL$$

$$\Delta V = 1{,}4\ L$$

7 Stoffumsatz

Die stöchiometrische Berechnung des Stoffumsatzes in Reaktionen ist eines der wichtigsten Themen des chemischen Rechnens. Bei bekannter Reaktionsgleichung können die notwendigen Stoffmengen der Edukte zur Herstellung einer bestimmten Menge gewünschten Produkts oder die Menge gebildeten Produkts bei gegebenen Mengen von Edukten bestimmt werden.

Der erste Schritt zur Berechnung eines Stoffumsatzes ist die korrekte Aufstellung der zugrunde liegenden Reaktionsgleichung. Dabei kann für jede Art von Reaktion der stattfindende Stoffumsatz berechnet werden. Um als Grundlage einer stöchiometrischen Berechnung dienen zu können, muss die Reaktionsgleichung vollständig ausgeglichen sein, auf beiden Seiten des Reaktionspfeils müssen also alle Atome und Ladungen in gleicher Zahl vorkommen.

Beispiel:

Natriumhydroxid reagiert mit Phosphorsäure zu Natriumphosphat und Wasser

$$NaOH + H_3PO_4 \rightleftharpoons Na_3PO_4 + H_2O$$

$$4\,H,\ 1\,Na,\ 5\,O,\ 1\,P \rightleftharpoons 2\,H,\ 3\,Na,\ 5\,O,\ 1\,P$$

In der allgemeinen Reaktionsgleichung sind nicht alle Atome auf beiden Seiten des Reaktionspfeils in gleicher Zahl vorhanden. Es werden stöchiometrische Faktoren benötigt, um die Reaktion auszugleichen.

$$3\,NaOH + H_3PO_4 \rightleftharpoons Na_3PO_4 + 3\,H_2O$$

$$6\,H,\ 3\,Na,\ 7\,O,\ 1\,P \rightleftharpoons 6\,H,\ 3\,Na,\ 7\,O,\ 1\,P$$

MERKE:

Alle Atome und Ladungen müssen auf beiden Seiten des Reaktionspfeils in gleicher Zahl vorkommen.

Nach erfolgreichem Aufstellen der zu betrachtenden Reaktionsgleichung muss das stöchiometrische Verhältnis der einzelnen Edukte bzw. Produkte zueinander ermittelt werden, um die korrekten Faktoren für die weitere Berechnung zu bestimmen. Unabhängig von der Fragestellung einer Berechnung lässt sich bei bekannter korrekter Reaktionsgleichung zwischen jedem Paar aus Edukt bzw. Produkt das stöchiometrische Verhältnis ermitteln, in dem sie reagieren. Die so ermittelten Verhältnisse gelten dabei nur für Stoffmengen *n* der Reaktanden, nie für deren Massen oder Volumina. Zum Ermitteln der stöchiometrischen Verhältnisse werden in einem Term auf einer Seite des Gleichheitszeichens die Stoffmengen zueinander ins Verhältnis gesetzt und auf der anderen Seite ihre stöchiometrischen Faktoren aus der Reaktionsgleichung. Anschließend wird die Gleichung zur gesuchten Stoffmenge umgeformt.

$$aA + bB \rightleftharpoons cC \qquad \frac{n(A)}{n(B)} = \frac{a}{b} \qquad \frac{n(B)}{n(C)} = \frac{b}{c} \qquad \frac{n(A)}{n(C)} = \frac{a}{c}$$

$$n(A) = \frac{a}{b} n(B) \qquad n(B) = \frac{b}{c} n(C) \qquad n(A) = \frac{a}{c} n(C)$$

Beispiel:
Wir betrachten die Reaktion

$$3\ NaOH + H_3PO_4 \rightarrow Na_3PO_4 + 3\ H_2O.$$

Verhältnis zwischen Natriumhydroxid und Phosphorsäure:

$$\frac{n(NaOH)}{n(H_3PO_4)} = \frac{3}{1} \rightarrow n(NaOH) = 3\ n(H_3PO_4) \text{ bzw. } n(H_3PO_4) = \frac{1}{3} n(NaOH)$$

Verhältnis zwischen Natriumhydroxid und Natriumphosphat:

$$\frac{n(NaOH)}{n(Na_3PO_4)} = \frac{3}{1} \rightarrow n(NaOH) = 3\ n(Na_3PO_4) \text{ bzw. } n(Na_3PO_4) = \frac{1}{3} n(NaOH)$$

Verhältnis zwischen Phosphorsäure und Natriumphosphat:

$$\frac{n(H_3PO_4)}{n(Na_3PO_4)} = \frac{1}{1} \rightarrow n(H_3PO_4) = n(Na_3PO_4)$$

MERKE:
Bei der Berechnung eines Stoffumsatzes müssen immer die Stoffmengen n der Reaktanden ins Verhältnis gesetzt werden, nie deren Massen, Konzentrationen oder Volumina.

Mithilfe der so ermittelten stöchiometrischen Quotienten lassen sich beliebige Berechnungen zu den Stoffmengenverhältnissen einer bekannten chemischen Reaktion anstellen, so kann nun beispielsweise die benötigte Menge eines Eduktes bei gegebener Menge Produkt oder die maximal mögliche Menge Produkt bei gegebener Menge an Edukten berechnet werden.

Beispiel:
Welche Stoffmenge Natriumphosphat kann aus 0,3 mol Natriumhydroxid maximal gewonnen werden und welche Stoffmenge Phosphorsäure wird hierfür benötigt?

Es handelt sich hierbei wiederum um die Reaktion

$$3\ NaOH + H_3PO_4 \rightarrow Na_3PO_4 + 3\ H_2O.$$

Wie oben beschrieben, bestehen folgende Verhältnisse zwischen den zur Berechnung notwendigen Reaktanden:

$$\frac{n(NaOH)}{n(Na_3PO_4)}=\frac{3}{1} \rightarrow n(NaOH)=3\,n(Na_3PO_4) \text{ bzw. } n(Na_3PO_4)=\frac{1}{3}n(NaOH)$$

$$\frac{n(NaOH)}{n(H_3PO_4)}=\frac{3}{1} \rightarrow n(NaOH)=3\,n(H_3PO_4) \text{ bzw. } n(H_3PO_4)=\frac{1}{3}n(NaOH)$$

Setzt man nun die gegebene Stoffmenge n(NaOH) = 0,3 mol in obigen Term ein, erhält man die maximal mögliche Menge Natriumphosphat, die gebildet werden kann (sofern nichts anderes angegeben/bekannt ist, ist von 100 %-iger Umsetzung auszugehen):

$$n(Na_3PO_4)=\frac{1}{3}n(NaOH)=\frac{1}{3}*0{,}3\text{ mol}=0{,}1\text{ mol}$$

Mithilfe des Verhältnisses von Phosphorsäure zu Natriumhydroxid lässt sich die notwendige Stoffmenge an Phosphorsäure ebenfalls berechnen:

$$n(H_3PO_4)=\frac{1}{3}n(NaOH)=\frac{1}{3}*0{,}3\text{ mol}=0{,}1\text{ mol}$$

Aus 0,3 mol Natriumhydroxid kann also maximal 0,1 mol Natriumphosphat hergestellt werden und hierfür ist 0,1 mol Phosphorsäure notwendig.

In den meisten Fällen verläuft eine chemische Reaktion nicht quantitativ, das heißt, es findet keine vollständige Umsetzung der Edukte zu den Produkten statt. Ist bekannt, zu welchem Ausmaß, also in welcher prozentualen Ausbeute, die Edukte zum Produkt reagieren, kann dies bei der Berechnung mit berücksichtigt werden. Zur Berechnung der gebildeten Stoffmenge eines Produkts bei gegebenen Mengen an Edukten und gegebener Ausbeute wird hierbei die Ausbeute als zusätzlicher Faktor mit eingerechnet, die Stoffmengen der Edukte also mit einem Ausbeutefaktor bzw. Umsetzungsgrad x ($0 < x < 1$) multipliziert:

für $aA + bB \rightarrow cC$ mit Umsetzungsgrad x gilt: $\frac{n(C)}{c}=x*a*n(A)=x*b*n(B)$

Beispiel:

Welche Stoffmenge Natriumphosphat entsteht aus 0,30 mol Natriumhydroxid und 0,10 mol Phosphorsäure, wenn die Umsetzung nur zu 95 % stattfindet?

Es handelt sich wiederum um die Reaktion

$$3\ NaOH + H_3PO_4 \rightarrow Na_3PO_4 + 3\ H_2O.$$

Die stöchiometrischen Verhältnisse sind $n(Na_3PO_4)=\frac{1}{3}n(NaOH)$ bzw. $n(H_3PO_4)=\frac{1}{3}n(NaOH)$.

Natriumhydroxid und Phosphorsäure liegen also im richtigen Verhältnis vor. Bei vollständiger Umsetzung (100 %) berechnet sich die Menge gebildeten Natriumphosphats wie folgt (s.o.):

$$n(Na_3PO_4)=\frac{1}{3}n(NaOH)=\frac{1}{3}*0{,}30\text{ mol}=n(H_3PO_4)=0{,}10\text{ mol}$$

Zur Berücksichtigung der Ausbeute von 95 % muss nun noch ein Faktor 0,95 einberechnet werden:

$$n(Na_3PO_4) = 0{,}95 * \frac{1}{3} n(NaOH) = 0{,}95 * \frac{1}{3} * 0{,}30 \text{ mol} = 0{,}95 * n(H_3PO_4) = 0{,}095 \text{ mol}$$

Bei einer Umsetzung von 95 % entstehen aus 0,30 mol Natriumhydroxid und 0,10 mol Phosphorsäure somit 0,095 mol Natriumphosphat.

Häufig ist die Fragestellung jedoch umgekehrt und es muss berechnet werden, welche Stoffmengen an Edukten notwendig sind, um eine bestimmte Stoffmenge Produkt unter Berücksichtigung der Ausbeute zu erhalten. Die Berechnung erfolgt hier auf die gleiche Weise, die Stoffmengen der Edukte werden mit einem Umsetzungsgrad x ($0 < x < 1$) multipliziert, der die Ausbeute repräsentiert. Da aber die Stoffmengen der Edukte zu berechnen sind, muss der erhaltene Term nun noch nach diesen aufgelöst werden, was zur Folge hat, dass der Faktor für die Ausbeute nun im Nenner steht:

für $aA + bB \rightarrow cC$ mit Umsetzungsgrad x gilt: $\frac{n(A)}{a} = \frac{n(B)}{b} = \frac{n(C)}{x * c}$

Beispiel:

Welche Stoffmengen Natriumhydroxid und Phosphorsäure sind nötig, um 0,100 mol Natriumphosphat herzustellen, wenn die Umsetzung nur zu 95 % stattfindet?

Es handelt sich wiederum um die Reaktion

$$3\ NaOH + H_3PO_4 \rightarrow Na_3PO_4 + 3\ H_2O$$

Aus den stöchiometrischen Verhältnissen $n(Na_3PO_4) = \frac{1}{3} n(NaOH) = n(H_3PO_4)$ ergeben sich bei 100 %iger Umsetzung die folgenden Stoffmengen an Edukten:

$$n(NaOH) = 3 * n(Na_3PO_4) = 3 * 0{,}100 \text{ mol} = 0{,}300 \text{ mol}$$

$$n(H_3PO_4) = n(Na_3PO_4) = 0{,}1 \text{ mol}$$

Bei einer Umsetzung <100 % muss nun aber ein weiterer Faktor eingerechnet werden. Bei 95 %-iger Umsetzung gilt:

$$n(Na_3PO_4) = 0{,}95 * \frac{1}{3} * n(NaOH) \quad \text{und} \quad n(Na_3PO_4) = 0{,}95 * n(H_3PO_4)$$

Nach Einsetzen der gewünschten Menge Natriumphosphat (0,1 mol) und Auflösen nach den Stoffmengen von Natriumhydroxid bzw. Phosphorsäure erhält man:

$$n(NaOH) = \frac{3 * n(Na_3PO_4)}{0{,}95} \qquad n(H_3PO_4) = \frac{n(Na_3PO_4)}{0{,}95}$$

$$n(NaOH) = 0{,}32 \text{ mol} \qquad n(H_3PO_4) = 0{,}11 \text{ mol}$$

Bei 95 %iger Umsetzung sind somit zur Herstellung von 0,100 mol Natriumphosphat 0,32 mol Natriumhydroxid und 0,11 mol Phosphorsäure notwendig.

In einigen Berechnungen zum Stoffumsatz muss berücksichtigt werden, dass manche Edukte **verunreinigt** sind. Dies geschieht ähnlich wie bei der Berücksichtigung der Ausbeute ebenfalls durch einen Faktor, der aber im Gegensatz zur Ausbeute unter Umständen nicht für alle Edukte gleich ist. Bei Berechnungen des Stoffumsatzes mit verunreinigten Edukten sollte über die Masse der eingesetzten (verunreinigten) Edukte berechnet werden, da eine Stoffmenge nur für Reinstoffe sinnvoll ist. Nach Berechnung der notwendigen Stoffmengen an reinen Edukten sollte also eine Umrechnung in die Masse erfolgen und die Verunreinigung sollten erst dann eingerechnet werden. Zur Vereinfachung der Berechnung empfiehlt es sich, mit dem entsprechenden prozentualen Gehalt an Reinstoff, also statt mit einer zu 10 % verunreinigten Substanz mit einer 90 %igen Substanz, zu rechnen (siehe auch Kapitel 5, Aufgabe 5.6.1).

Beispiel:

Zur Herstellung von 0,100 mol Natriumphosphat verwenden Sie zu 5,00 % verunreinigtes Natriumhydroxid und zu 15,0 % verunreinigte Phosphorsäure. Wie viel Gramm der beiden Edukte müssen Sie einsetzen?

[M(NaOH) = 40,0 g/mol; M(H_3PO_4) = 98,0 g/mol]

Es handelt sich wiederum um die Reaktion

$$3\ NaOH + H_3PO_4 \rightarrow Na_3PO_4 + 3\ H_2O.$$

Aus den stöchiometrischen Verhältnissen $n(Na_3PO_4) = \frac{1}{3} n(NaOH) = n(H_3PO_4)$ ergeben sich bei 100 %iger Umsetzung die folgenden Stoffmengen an Edukten:

$$n(NaOH) = 3 * n(Na_3PO_4) = 3 * 0{,}100\ mol = 0{,}300\ mol$$

$$n(H_3PO_4) = n(Na_3PO_4) = 0{,}100\ mol$$

Zur Berücksichtigung der Verunreinigung muss nun in die Masse der Edukte umgerechnet werden:

$$m(NaOH)_{100\%} = n(NaOH) * M(NaOH) = 0{,}300\ mol * 40{,}0\ g/mol = 12{,}0\ g$$ 1.3

$$m(H_3PO_4)_{100\%} = n(H_3PO_4) * M(H_3PO_4) = 0{,}100\ mol * 98{,}0\ g/mol = 9{,}80\ g$$ 1.3

Nun kann die einzusetzende Masse an Edukten unter Berücksichtigung der Verunreinigung mit Hilfe des Massenanteils erfolgen:

$$m(NaOH)_{95\%} = \frac{m(NaOH)_{100\%}}{0{,}95} = \frac{12{,}0\ g}{0{,}95} = 12{,}6\ g$$

$$m(H_3PO_4)_{85\%} = \frac{m(H_3PO_4)_{100\%}}{0{,}85} = \frac{9{,}80\ g}{0{,}85} = 11{,}5\ g$$

Zur Herstellung von 0,1 mol Natriumphosphat sind somit 12,6 g zu 5 % verunreinigtes Natriumhydroxid und 11,5 g zu 15 % verunreinigte Phosphorsäure notwendig.

Bei Berechnungen zum Stoffumsatz liegen die verschiedenen Edukte häufig nicht im passenden Verhältnis zueinander vor, sodass einer der Reaktanden zum limitierenden Faktor wird. In diesem Fall müssen alle Edukte mit dem Produkt ins Verhältnis gesetzt und für jedes Edukt die theoretische maximale Produktstoffmenge bestimmt werden. Sind alle theoretischen Produktstoffmengen bekannt, steht auch das limitierende Edukt, nämlich jenes mit der kleinsten theoretischen Produktstoffmenge fest.

Beispiel:
Welche Stoffmenge Natriumphosphat kann aus 19,4 g Natriumhydroxid und 12,8 g Phosphorsäure maximal gebildet werden?
[M(NaOH) = 40,0 g/mol; M(H_3PO_4) = 98,0 g/mol]

Es handelt sich wiederum um die Reaktion

$3\ NaOH + H_3PO_4 \rightarrow Na_3PO_4 + 3\ H_2O.$

Zunächst müssen die Massenangaben der Edukte jeweils in Stoffmengen umgerechnet werden:

1.1

$$n(NaOH) = \frac{m(NaOH)}{M(NaOH)} = \frac{19{,}4\ g}{40{,}0\ g/mol} = 0{,}485\ mol$$

1.1

$$n(H_3PO_4) = \frac{m(H_3PO_4)}{M(H_3PO_4)} = \frac{12{,}8\ g}{98{,}0\ g/mol} = 0{,}131\ mol$$

Aus den stöchiometrischen Verhältnissen $n(Na_3PO_4) = \frac{1}{3}n(NaOH) = n(H_3PO_4)$ ergeben sich bei 100 %iger Umsetzung die folgenden Stoffmengen an Edukten:

$$n(Na_3PO_4) = \frac{1}{3} * n(NaOH) = 0{,}162\ mol$$

$$n(Na_3PO_4) = n(H_3PO_4) = 0{,}131\ mol$$

In diesem Beispiel begrenzt also die Stoffmenge an Phosphorsäure die Reaktion, denn es kann nicht mehr Natriumphosphat entstehen, als Phosphorsäure vorhanden ist. Aus 19,4 g Natriumhydroxid und 12,8 g Phosphorsäure können maximal 0,131 mol Natriumphosphat gebildet werden.

In vielen Fällen sind bei der Berechnung eines Stoffumsatzes zahlreiche weitere Faktoren aus zum Teil anderen Stoffgebieten zu berücksichtigen. Verschiedene Informationen, wie z.B. Konzentrationsangaben, müssen zunächst in Stoffmengen umgerechnet werden, um für die Berechnung des Stoffumsatzes herangezogen werden zu können. Außerdem ist zu bedenken, ob durch Mischen verschiedener Lösungen Änderungen in der Dichte und mögliche Volumenkontraktionen zu berücksichtigen sind. Sollte keine Volumenangabe bekannt und nur Konzentrationen gegeben sein, so kann ein konstantes Volumen angenommen werden.

7.1 Beispiele und Übungsaufgaben

7.1.1 In saurer Lösung wird Bromid (Br^-) von Permanganat (MnO_4^-) zu Brom (Br_2) oxidiert. Welches Volumen Brom kann entstehen, wenn 4,50 mol Kaliumpermanganat ($KMnO_4$) eingesetzt werden? [ρ(Br_2) = 3,12 g/mL; M(Br_2) = 159,8 g/mol]

Zunächst muss die korrekte Reaktionsgleichung aufgestellt werden. Es handelt sich hier um eine Redox-Reaktion (zur Kontrolle sollte immer überprüft werden, ob auf beiden Seiten des Reaktionspfeils alle Atome und Ladungen ausgeglichen sind):

Oxidation:	$2\,Br^- \rightleftharpoons Br_2 + 2\,e^-$	$*5$
Reduktion:	$MnO_4^- + 5\,e^- + 8\,H^+ \rightleftharpoons Mn^{2+} + 4\,H_2O$	$*2$
Gesamtreaktion:	$10\,Br^- + 2\,MnO_4^- + 16\,H^+ \rightleftharpoons 2\,Mn^{2+} + 5\,Br_2 + 8\,H_2O$	

Aus der Reaktionsgleichung ergibt sich das Verhältnis von entstehendem Brom zu eingesetztem Kaliumpermanganat:

$$\frac{n(Br_2)}{n(KMnO_4)} = \frac{5}{2} \qquad \rightarrow \qquad n(Br_2) = \frac{5}{2} * n(KMnO_4)$$

Einsetzen der gegebenen Stoffmenge Kaliumpermanganat liefert die gebildete Stoffmenge Brom:

$$n(Br_2) = \frac{5}{2} * n(KMnO_4) = \frac{5}{2} * 4{,}5\ mol = 11{,}25\ mol$$

Mit Hilfe der Stoffmenge Brom lässt sich die Masse an gebildetem Brom berechnen

$$m(Br_2) = n(Br_2) * M(Br_2) = 11{,}25\ mol * 159{,}8\ g/mol = 1797{,}8\ g$$ 1.3

und über die Dichte in das gefragte Volumen umrechnen:

$$V(Br\ ) = \frac{m(Br\ )}{\rho(Br\ )} = \frac{1797{,}8\ g}{3{,}12\ g/mL} = 576\ mL$$ 2.2

Es entstehen 576 mL elementares Brom.

7.1.2 Natriumazid (NaN_3) wird durch Iod (I_2) in Gegenwart von katalytischen Mengen Natriumthiosulfat ($Na_2S_2O_3$) umgesetzt. Reichen 33 mL 0,66 M Iod-Lösung aus, um auf diese Weise 2,4 g Natriumazid vollständig umzusetzen?

Zunächst muss die korrekte Reaktionsgleichung aufgestellt werden. Es handelt sich hier um eine Redox-Reaktion (zur Kontrolle sollte immer überprüft werden, ob auf beiden Seiten des Reaktionspfeils alle Atome und Ladungen ausgeglichen sind):

$$2\,NaN_3 + I_2 \rightleftharpoons 3\,N_2 + 2\,NaI$$

Da Natriumthiosulfat nur als Katalysator fungiert und in der finalen Reaktionsgleichung nicht auftaucht, muss es in der Berechnung nicht berücksichtigt werden.

Aus der Reaktionsgleichung ergibt sich das Stoffmengenverhältnis von Iod und Natriumazid:

$$\frac{n(NaN_3)}{n(I_2)} = \frac{2}{1} \rightarrow n(NaN_3) = 2 * n(I_2)$$

Die Stoffmenge Iod ergibt sich aus Konzentration und Volumen:

$$n(I_2) = c * V = 0{,}66\ mol/L * 0{,}033\ L = 0{,}022\ mol$$ 1.2

Damit lässt sich über das Stoffmengenverhältnis die theoretisch umsetzbare Stoffmenge Natriumazid berechnen:

$$n(NaN_3)_{umsetzbar} = 2 * n(I_2) = 0{,}044 \text{ mol}$$

Um die Fragestellung beantworten zu können, muss nun noch die tatsächlich vorhandene Stoffmenge Natriumazid ausgerechnet und mit der theoretisch umsetzbaren verglichen werden. Hierfür muss außerdem das Molekulargewicht von Natriumazid berechnet werden:

$$M(NaN_3) = M(Na) + 3 * M(N) = 23 \text{ g/mol} + 3 * 14 \text{ g/mol} = 65 \text{ g/mol}$$

$$n(NaN_3)_{vorhanden} = \frac{m}{M} = \frac{2{,}4 \text{ g}}{65 \text{ g/mol}} = 0{,}037 \text{ mol} < n(NaN_3)_{umsetzbar} = 0{,}044 \text{ mol}$$

Die Menge Iod-Lösung reicht also aus, um 2,4 g Natriumazid zu zerstören.

7.1.3 Sulfidionen (S^{2-}) reagieren mit Natriumhypochlorit (NaOCl) zu Sulfationen (SO_4^{2-}). Können 1,4 g unlösliches Eisen(III)-sulfid (Fe_2S_3) mit 1,0 L 100 mM Natriumhypochlorit-Lösung vollständig in lösliches Eisen(III)-sulfat ($Fe_2(SO_4)_3$) überführt werden?
[M(Eisen(III)-sulfid) = 208 g/mol; M(Natriumhypochlorit) = 74 g/mol]

Zunächst muss die korrekte Reaktionsgleichung aufgestellt werden. Es handelt sich hier um eine Redox-Reaktion (zur Kontrolle sollte immer überprüft werden, ob auf beiden Seiten des Reaktionspfeils alle Atome und Ladungen ausgeglichen sind):

$$Fe_2S_3 + 12 \text{ NaClO} \rightleftharpoons Fe_2(SO_4)_3 + 12 \text{ NaCl}$$

Aus der Reaktionsgleichung ergibt sich das Stoffmengenverhältnis von Eisen(III)-sulfid und Natriumhypochlorit:

$$\frac{n(Fe_2S_3)}{n(NaClO)} = \frac{1}{12} \rightarrow n(Fe_2S_3) = \frac{1}{12} * n(NaClO)$$

Die Stoffmenge Natriumhypochlorit ergibt sich aus Konzentration und Volumen:

1.2

$$n(NaClO) = c * V = 0{,}100 \text{ mol/L} * 1{,}0 \text{ L} = 0{,}10 \text{ mol}$$

Damit lässt sich über das Stoffmengenverhältnis die theoretisch umsetzbare Stoffmenge Eisen(III)-sulfid berechnen:

$$n(Fe_2S_3)_{umsetzbar} = \frac{1}{12} * n(NaClO) = \frac{1}{12} * 0{,}10 \text{ mol} = 8{,}3 * 10^{-3} \text{ mol}$$

Um die Frage beantworten zu können, muss nun noch die tatsächlich vorhandene Stoffmenge Natriumhypochlorit ausgerechnet und mit der theoretisch umsetzbaren verglichen werden:

$$n(Fe_2S_3)_{vorhanden} = \frac{m}{M} = \frac{1{,}4 \text{ g}}{208 \text{ g/mol}} = 6{,}7 * 10^{-3} \text{ mol} < n(Fe_2S_3)_{umsetzbar} = 8{,}3 * 10^{-3} \text{ mol}$$

Die Menge Natriumhypochlorit reicht also aus, um 1,4 g Eisen(III)-sulfid in Eisen(III)-sulfat zu überführen.

7.1.4 Zu 900 mL einer 1,20 M Ammoniumchlorid-Lösung werden 440 mL 12,0 %ige Kaliumnitrit-Lösung (ρ = 1,22 g/cm³) und 3,21 g Natriumnitrit gegeben. Welches Volumen Stickstoff kann maximal entstehen?
[$M(NH_4Cl)$ = 53,5 g/mol; $M(KNO_2)$ = 85,1 g/mol; $M(NaNO_2)$ = 69,0 g/mol; molares Gasvolumen: 22,4 L/mol]

Lösung:

$$NH_4Cl + KNO_2 \rightleftharpoons N_2 + KCl + 2\,H_2O$$

$$NH_4Cl + NaNO_2 \rightleftharpoons N_2 + NaCl + 2\,H_2O$$

$$n(NH_4Cl) = 0{,}9\text{ L} * 1{,}2\text{ mol/L} = 1{,}08\text{ mol}$$ 1.2

$$n(KNO_2) = \frac{440\text{ cm}^3 * 1{,}22\text{ g/cm}^3 * 0{,}12}{85{,}1\text{ g/mol}} = 0{,}757\text{ mol}$$ 1.1, 2.2

$$n(NaNO_2) = \frac{3{,}21\text{ g}}{69{,}0\text{ g/mol}} = 0{,}0465\text{ mol}$$ 1.1

$$n(NO_2^-) = 0{,}757\text{ mol} + 0{,}0465\text{ mol} = 0{,}8035\text{ mol}$$

$$n(NO_2^-) < n(NH_4Cl) \rightarrow n(N_2) = n(NO_2^-) = 0{,}8035\text{ mol}$$

$$\rightarrow V(N_2) = 0{,}8035\text{ mol} * 22{,}4\text{ L/mol} = 18{,}0\text{ L}$$ 1.2

7.1.5 Bei der Reaktion von Wasserstoffperoxid und Chrom(III)-chlorid in Kalilauge entstehen Chromationen. Welches Volumen 3,0 %ige (m/m) Wasserstoffperoxid-Lösung (ρ = 1,0 g/mL) ist nötig, um auf diese Weise 20 g Kaliumchromat zu erzeugen?
[M(Kaliumchromat) = 194,2 g/mol]

Lösung:

$$2\,Cr^{3+} + 10\,OH^- + 3\,H_2O_2 \rightleftharpoons 2\,CrO_4^{2-} + 8\,H_2O$$

$$n(K_2CrO_4) = \frac{m}{M} = \frac{20\text{ g}}{194{,}2\text{ g/mol}} = 0{,}103\text{ mol}$$ 1.1

$$n(H_2O_2) = \frac{3}{2}\,n(K_2CrO_4) = 0{,}154\text{ mol}$$

$$m(H_2O_2) = n * M = 0{,}154\text{ mol} * 34\text{ g/mol} = 5{,}25\text{ g}$$ 1.3

$$\frac{5{,}25\text{ g}}{3\%} = \frac{x}{100\%} \rightarrow x = \frac{5{,}25\text{ g}}{0{,}03} = 175{,}1\text{ g}$$

$$\rho = 1\text{ g/cm}^3 \rightarrow V(H_2O_2) = 175\text{ mL} = 0{,}18\text{ L}$$

7.1.6 Natriumchlorat reagiert mit Zink in neutraler Lösung zu Natriumchlorid. Wie viel Massenprozent Natriumchlorat enthielten 50 mL einer Lösung (ρ = 1,08 g/mL), wenn zur vollständigen Umsetzung des enthaltenen Natriumchlorats 8,04 g Zink nötig sind?
[M(Zn) = 65,4 g/mol; M($NaClO_3$) = 106,4 g/mol]

Lösung:

$$NaClO_3 + 3\ Zn + 3\ H_2O \rightleftharpoons NaCl + 3\ Zn(OH)_2$$

$$n(NaClO_3) = \frac{1}{3} n(Zn)$$

1.1 $$n(Zn) = \frac{8{,}04\ g}{65{,}4\ g/mol} = 0{,}123\ mol$$

$$n(NaClO_3) = 0{,}041\ mol$$

1.3 $$m(NaClO_3) = n * M = 0{,}041\ mol * 106{,}4\ g/mol = 4{,}36\ g$$

$$m_{Lösung} = 50\ mL * 1{,}08\ g/mL = 54\ g$$

2.3 $$\omega = \frac{4{,}36\ g}{54\ g} = 8{,}1\%$$

7.1.7 Wie viel Gramm Arsensäure können bei der Reaktion von 8,74 g Silberdichromat und 8,74 g Arsen(III)-oxid in salzsaurer Lösung maximal entstehen?
[M(Silberdichromat) = 431,7 g/mol; M(Arsen(III)-oxid) = 197,8 g/mol; M(Arsensäure) = 141,9 g/mol]

$$3\ As_2O_3 + 2\ Cr_2O_7^{2-} + H_2O + 16\ H^+ \rightleftharpoons 6\ H_3AsO_4 + 4\ Cr^{3+}$$

$$m(H_3AsO_4) = 8{,}62\ g$$

7.1.8 Sie mischen 150 mL Ammoniumsulfat (Lösung 1, ρ = 1,13 g/mL) unbekannter Konzentration mit 75 mL 5,0 M salpetriger Säure (ρ = 1,3 g/mL). Dabei entstehen 4,6 L Stickstoff. Welche Stoffmenge Sulfationen enthielt die Lösung (Lösung 1)? Welche Protonenkonzentration hat die resultierende Lösung (ρ = 1,2 g/mL) nach vollständiger Umsetzung?
[M(Ammoniumsulfat) = 225 g/mol; M(salpetrige Säure) = 98 g/mol; molares Gasvolumen: 22,4 L/mol]

$$(NH_4)_2SO_4 + 2\ HNO_2 \rightleftharpoons 2\ N_2 + H_2SO_4 + 4\ H_2O$$

$$n(SO_4^{2-}) = n((NH_4)_2SO_4) = 0{,}103\ mol$$

$$c(H^+) = \frac{n(H^+)}{V_{neu}} = \frac{0{,}375\ mol}{0{,}2225\ L} = 1{,}7\ mol/L$$

7.1.9 Welches Volumen Chlorgas (Molvolumen eines Gases unter Normalbedingungen V_m = 22,4 L/mol) entsteht unter Normalbedingungen beim Mischen von 15,0 L 20,0 %iger (w/w) Salzsäure (ρ = 1,098 g/mL) und 3,00 L 2,00-molarer Kaliumpermanganat-Lösung, wenn die Reaktion zu 85,0 % abläuft?
[M($KMnO_4$) = 158 g/mol; M(HCl) = 36,5 g/mol]

$$2\ KMnO_4 + 16\ HCl \rightleftharpoons 5\ Cl_2 + 8\ H_2O + 2\ MnCl_2 + 2\ KCl$$

$$V(Cl_2) = 286\ L$$

7.1.10 1,45 g einer Probe, die Arsen(III)-oxid (M = 198 g/mol) enthält, werden mit 1,5 g elementarem Zink (M = 65 g/mol) und 5,0 mL 10-molarer Salzsäure versetzt und erwärmt. Bei vollständiger Umsetzung entstehen 80 mL reines Arsingas (M = 78 g/mol). Wie viel Massenprozent Arsen(III)-oxid enthielt die Probe? Reichen die Mengen Zink und Salzsäure zur vollständigen Umsetzung aus?
[Molares Gasvolumen: 22,4 L/mol]

$$As_2O_3 + 6\,Zn + 12\,HCl \rightleftharpoons 2\,AsH_3 + 6\,ZnCl_2 + 3\,H_2O$$

$$\omega(As_2O_3) = 24{,}4\,\%$$

$$n(Zn)_{nötig} = 6 * n(As_2O_3) = 10{,}74\ mmol < \frac{1{,}5\ g}{65\ g/mol} = 23{,}08\ mmol$$

$$n(HCl)_{nötig} = 12 * n(As_2O_3) = 21{,}48\ mmol < 0{,}005\ L * 10\ mol/L = 50\ mmol$$

7.1.11 Cyanidionen reagieren in alkalischer Lösung mit Chlordioxid (ClO_2). Es entstehen Chlorid- und Cyanationen. Welches Volumen 1,0 %ige (m/m, ρ = 1,0 g/mL) wässrige Chlordioxid-Lösung ist nötig, um 1,0 g Natriumcyanid vollständig in Natriumcyanat zu überführen?
[M(Chlordioxid) = 67 g/mol; M(Natriumcyanid) = 49 g/mol]

$$V(ClO_2)_{1\%} = 53\ mL$$

7.1.12 Sie synthetisieren 0,03 mmol eines linearen Peptides, welches zwei Cysteine enthält. Die Ausbeute der Synthese beträgt 76%. Diese setzten Sie mit 6 Äquivalenten 30% Wasserstoffperoxid-Lösung um, um die beiden Cysteine zu einer Disulfidbrücke zu oxidieren. Wie viel µL der 30 % H_2O_2 müssen Sie einsetzen und wie viel µL Wasser entstehen in der Reaktion [M(Peptide) = 1568 g/mol; M(H_2O_2) = 34 g/mol; δ(H_2O_2) = 1,11 g/cm³]?

$$H_2O_2 + 2\,R\text{-}SH \rightleftharpoons R\text{-}S\text{-}S\text{-}R + 2\,H_2O$$

$$V(H_2O_2) = 13{,}97\ \mu L$$

$$V(H_2O) = 0{,}83\ \mu L$$

Für die folgenden Aufgaben werden die Inhalte der Kapitel pH-Wert und Löslichkeitsprodukt benötigt!

7.1.13 Sie behandeln 150 g einer neutralen gelben Lösung (ρ = 1,10 g/mL) von Kaliumchromat (K_2CrO_4) mit 0,026 g Natriumsulfit (Na_2SO_3). Nach beendeter Reaktion ist die Lösung vollständig entfärbt und weist einen pH-Wert von 10,3 auf. Welchen Massenanteil Kaliumchromat enthielt die Lösung? Welche Stoffmengenkonzentration Natriumsulfit verbleibt nach beendeter Reaktion in der Lösung?
[M(Kaliumchromat) = 194 g/mol; M(Natriumsulfit) = 126 g/mol; M(Natriumsulfat) = 142 g/mol]

Zunächst muss die korrekte Reaktionsgleichung aufgestellt werden. Es handelt sich hier um eine Redox-Reaktion (zur Kontrolle sollte immer überprüft werden, ob auf beiden Seiten des Reaktionspfeils alle Atome und Ladungen ausgeglichen sind):

$$2\,CrO_4^{2-} + 3\,SO_3^{2-} + 5\,H_2O \rightleftharpoons 2\,Cr^{3+} + 3\,SO_4^{2-} + 10\,OH^-$$

Mit Hilfe der Dichte lässt sich aus der angegebenen Masse das Volumen der Kaliumchromat-Lösung berechnen:

$$V(K_2CrO_4) = \frac{m}{\rho} = \frac{150\ g}{1{,}1\ g/mL} = 136\ mL$$

2.2

Aus dem pH-Wert kann über den pOH-Wert die Hydroxidionen-Konzentration berechnet werden:

5.11, 5.10, 5.9 $$pH = 10{,}3 \rightarrow pOH = 3{,}7 \rightarrow c\left(OH^-\right) = 10^{-3,7} = 2 * 10^{-4}\ mol/L$$

Aus Volumen und Konzentration ergibt sich die Stoffmenge an Hydroxidionen:

1.2 $$n\left(OH^-\right) = c * V = 2 * 10^{-4}\ mol/L * 0{,}136\ L = 27 * 10^{-6}\ mol$$

Gemäß der Reaktionsgleichung besteht zwischen den Stoffmengen von Chromationen und Hydroxidionen folgender Bezug, der die Berechnung der Stoffmenge an Chromationen ermöglicht:

$$\frac{n\left(CrO_4^{2-}\right)}{n\left(OH^-\right)} = \frac{2}{10} \quad \rightarrow \quad n\left(CrO_4^{2-}\right) = \frac{2}{10} * n\left(OH^-\right) = 5{,}4 * 10^{-6}\ mol$$

Aus der Stoffmenge kann die Masse Kaliumchromat und damit der Massenanteil der Lösung berechnet werden:

1.3 $$m\left(K_2CrO_4\right) = n\left(CrO_4^{2-}\right) * M\left(K_2CrO_4\right) = 5{,}4 * 10^{-6}\ mol * 194\ g/mol = 1{,}05\ mg$$

2.3 $$\rightarrow \omega\left(K_2CrO_4\right) = \frac{0{,}00105\ g}{150\ g} = 0{,}0007\ \%\ (m/m)$$

Zur Berechnung der verbleibenden Konzentration Natriumsulfit muss erneut ein Stoffmengenverhältnis aus der Reaktionsgleichung abgeleitet werden:

$$\frac{n\left(Na_2SO_3\right)_{verbraucht}}{n\left(CrO_4^{2-}\right)} = \frac{3}{2}$$

$$\rightarrow n\left(Na_2SO_3\right)_{verbraucht} = \frac{3}{2} n\left(CrO_4^{2-}\right) = \frac{3}{2} * 5{,}4 * 10^{-6}\ mol = 8{,}1 * 10^{-6}\ mol$$

Nach Berechnung der ursprünglich eingesetzten Stoffmenge Natriumsulfit lässt sich nun die verbleibende Stoffmenge bestimmen:

1.1 $$n\left(Na_2SO_3\right)_{eingesetzt} = \frac{m}{M} = \frac{0{,}026\ g}{126\ g/mol} = 2 * 10^{-4}\ mol$$

$$n\left(Na_2SO_3\right)_{neu} = n\left(Na_2SO_3\right)_{eingesetzt} - n\left(Na_2SO_3\right)_{verbraucht} = 2 * 10^{-4}\ mol - 8{,}1 * 10^{-6}\ mol$$

$$= 1{,}92 * 10^{-4}\ mol$$

Aus Stoffmenge und Volumen kann nun die Konzentration berechnet werden:

1.2 $$c\left(Na_2SO_3\right) = \frac{n}{V} = \frac{1{,}92 * 10^{-4}\ mol}{0{,}136\ L} = 1{,}4 * 10^{-3}\ mol/L$$

Nach beendeter Reaktion verbleibt somit eine Konzentration von 1,4 mM Natriumsulfit in der Lösung.

7.1.14 Um 1,0 g einer Probe, die Arsen(III)-sulfid und Natriumsulfat enthält, in Lösung zu bringen, behandeln Sie diese mit 100 mL einer Lösung (ρ = 1,0 g/mL), die 8,0 g/L Natriumhydroxid und 0,080 mol Wasserstoffperoxid enthält. Nach beendeter Reaktion ist das Arsen(III)-sulfid vollständig gelöst und die Lösung weist einen pH-Wert von 12,2 auf. Wie viel Prozent (m/m) Arsen(III)-sulfid enthielt die Probe?
[M(Arsen(III)-sulfid) = 246 g/mol; M(NaOH) = 40 g/mol; M(Wasserstoffperoxid) = 34 g/mol]

$$As_2S_3 + 14\ H_2O_2 + 12\ OH^- \rightleftharpoons 2\ AsO_4^{3-} + 3\ SO_4^{2-} + 20\ H_2O$$

$$n(NaOH) = \frac{0{,}1\,L * 8\ g/L}{40\ g/mol} = 0{,}02\ mol \rightarrow c = 0{,}2\ mol/L$$

1.1, 2.2, 1.2, 5.11

$$pH_{neu} = 12{,}2 \rightarrow pOH = 1{,}8$$

$$\rightarrow c\left(OH^-\right)_{neu} = 0{,}016\,\frac{mol}{L} \rightarrow n\left(OH^-\right)_{neu} = 0{,}0016\ mol$$

5.10, 1.2

$$n(OH^-)_{verbraucht} = n(NaOH) - n(OH^-)_{neu} = 0{,}0184\ mol$$

$$n(H_2O_2) = 0{,}08\ mol > 14 * n(As_2S_3) = 14 * \left(\frac{1}{12} * n\left(OH^-\right)_{verbraucht}\right) = 0{,}021\ mol$$

$$\rightarrow n(H_2O_2)\ \text{reicht aus}$$

$$n(As_2S_3) = \frac{1}{12} * n\left(OH^-\right)_{verbraucht} = 0{,}0015\ mol$$

$$m(As_2S_3) = 0{,}377\ g \rightarrow 37\,\%$$

2.3

7.1.15 Zu 100 mL eines frischen 0,010 %igen (w/w) Chlorwassers geben Sie 8,0 mL Natriumthiosulfat-Lösung unbekannter Konzentration. Dabei wird Thiosulfat zu Tetrathionat oxidiert. Nach beendeter Reaktion geben Sie zu dieser Mischung 10 mL einer 0,10-molaren Silbernitrat-Lösung. Dabei bildet sich ein Silberchlorid-Niederschlag, der nach Zugabe von genau 6194 mL Wasser in Lösung geht. Welche Konzentration hatte die Natriumthiosulfat-Lösung?
$[K_L\,(AgCl) = 2 * 10^{-10}\ mol^2/L^2]$

$$Cl_2 + 2\ Na_2S_2O_3 \rightleftharpoons 2\ NaCl + Na_2S_4O_6 \quad \rightarrow n(Cl^-) = n(S_2O_3^{2-})$$

$$K_L\,(AgCl) = c\left(Cl^-\right) * c\left(Ag^+\right) \rightarrow c\left(Cl^-\right) = \frac{K_L}{c\left(Ag^+\right)}$$

7.1

$$V_{ges} = 100\ mL + 8\ mL + 10\ mL + 6194\ mL = 6312\ mL$$

$$c\left(Ag^+\right) = \frac{0{,}001\ mol}{6312\ mL} = 1{,}58 * 10^{-4}\ mol/L$$

1.2

$$c\left(Cl^-\right) = \frac{K_L}{c\left(Ag^+\right)} = 1{,}26 * 10^{-6}\ mol/L \rightarrow n\left(Cl^-\right) = 7{,}99 * 10^{-6}\ mol = n\left(Na_2S_2O_3\right)$$

7.1, 1.2

$$c\left(Na_2S_2O_3\right) = \frac{n}{V} = \frac{7{,}99 * 10^{-6}\ mmol}{8\ mL} = 9{,}98 * 10^{-4}\ mol/L = 0{,}0010\ mol/L$$

1.2

8 Elektrolyte und Dissoziation

Elektrolyte sind chemische Verbindungen, die in Ionen zerfallen (dissoziieren) können, sich also im elektrischen Feld gerichtet bewegen. Somit zählen Salze, die in Kationen und Anionen zerfallen, ebenso wie Säuren und Basen zu den Elektrolyten.

Allgemein lässt sich die Zerfallsreaktion (Dissoziation) als Gleichgewichtsreaktion wie folgt beschreiben:

$$AB \rightleftharpoons A^+ + B^-$$

wobei AB ein Elektrolyt ist, der in das Kation A^+ und das Anion B^- zerfällt. Da es sich um eine Gleichgewichtsreaktion handelt, kann diese Dissoziation mit Hilfe des Massenwirkungsgesetzes beschrieben werden.

8.1 Exkurs: Massenwirkungsgesetz – MWG

Das Massenwirkungsgesetz beschreibt eine reversible Reaktion, die sich im Gleichgewicht der Hin-und Rückreaktion befindet, und gibt somit das Verhältnis der Konzentration bzw. der Stoffmenge der Edukte und Produkte zueinander wieder. Das Massenwirkungsgesetz lässt sich für Gleichgewichtsreaktionen nach folgenden Regeln aufstellen:

- es werden die Konzentrationen (Stoffmengen) der Produkte und Edukte eingesetzt
- im Zähler werden die Konzentrationen aller Produkte als Produkt eingesetzt
- im Nenner das Produkt der Konzentrationen aller Edukte
- dieser Bruch wird gleich einer Gleichgewichtskonstante K gesetzt
- der Stöchiometrische Faktor von Edukten oder Produkten wird im MWG zu einer Potenz

Beispiel:

$$A + 2\,B \rightleftharpoons C + D$$

$$K = \frac{c(C) * c(D)}{c(A) * c^2(B)}$$

Die Gleichgewichtskonstante sagt also aus, auf welcher Seite (Produkte oder Edukte) das Gleichgewicht liegt. Besitzt sie einen Wert > 1, läuft die Reaktion bevorzugt in Richtung der Produkte ab. Liegt der Wert der Gleichgewichtskonstante < 1, ist die Rückreaktion, also die Bildung der Edukte, bevorzugt. Die Gleichgewichtskonstante ist temperatur- und konzentrationsabhängig und eine Eigenschaft der Reaktion.

Die Dissoziation lässt sich mittels MWG darstellen, wobei die Gleichgewichtskonstante als Dissoziationskonstante (K_D) bezeichnet wird:

$$AB \rightleftharpoons A^+ + B^-$$

$$K_D = \frac{c(A^+) * c(B^-)}{c(AB)}$$

Im Falle der Dissoziation ergeben sich noch Besonderheiten für die Aufstellung des MWG, die abhängig von der Art des Elektrolyten sind.

So zerfallen **starke Elektrolyte** fast vollständig in ihre Ionen, das heißt, der Anteil an undissoziiertem Salz geht gegen Null. Starke Elektrolyte sind z.B. NaCl, die Gleichgewichtskonstante ist groß. Bei starken Elektrolyten gelten folgende Überlegungen:

- $c(A^+) = c(B^-)$ in einem 1:1-Salz
- $c_0(AB) = c(A^+) = c(B^-)$, wobei $c_0(AB)$ die Ausgangskonzentration des Salzes ist, also die Menge Salz, die theoretisch vor der Dissoziation vorliegt, z.B. eingewogen wurde.

Schwache Elektrolyte hingegen dissoziieren kaum, sodass vor allem der undissoziierte Anteil vorliegt und kaum Ionen gebildet werden. In diesem Fall lassen sich die Konzentrationen der Reaktionsteilnehmer mithilfe einiger Annahmen aus der Dissoziationskonstante berechnen:

- $c(A^+) = c(B^-)$ in einem 1:1-Salz
- $c(A^+) = c(B^-) = \alpha * c_0(AB)$, wobei a der Dissoziationsgrad ist (0 < a < 1)
- $c(AB) = (1-\alpha) * c_0(AB)$

Als MWG ausgedrückt:

$$K_D = \frac{c(A^+) * c(B^-)}{c(AB)}$$

$$K_D = \frac{\alpha * c_0(AB) * \alpha * c_0(AB)}{(1-\alpha) * c_0(AB)}$$

$$\boxed{K_D = \frac{\alpha^2 * c_0(AB)}{(1-\alpha)}}$$

Die resultierende Formel bezeichnet man als Ostwald'sches Verdünnungsgesetz. Es gilt bei schwachen Elektrolyten in verdünnten Lösungen.

Bei sehr schwachen Elektrolyten, die so gut wie nicht dissoziieren, geht α gegen Null, und man kann als Näherung annehmen:

$$K_D = \alpha^2 * c_0(AB)$$

8.2 Übungsaufgaben Dissoziation

8.2.1 Natriumnitrat ($NaNO_3$) besitzt einen Dissoziationsgrad von 0,92. Berechnen Sie die Dissoziationskonstante, wenn 6,30 g $NaNO_3$ in 50,0 mL Wasser gelöst werden.
[$M(NaNO_3)$ = 84,99 g/mol]

$$K = \frac{\alpha * c\,(AB)}{(1-\alpha)}$$

$$K_D = \frac{(0{,}92)^2 * c_0\left(NaNO_3\right)}{(1-0{,}92)}$$

$$c_0\left(NaNO_3\right) = \frac{n\left(NaNO_3\right)}{V} = \frac{m\left(NaNO_3\right)}{M\left(NaNO_3\right) * V} = \frac{6{,}3\ g}{84{,}99\ g/mol * 0{,}05\,L} = 1{,}48\ mol/L$$

$$K_D = \frac{(0{,}92)^2 * 1{,}48\ mol/L}{(1-0{,}92)} = 15{,}7\ mol/L$$

8.2.2 Berechnen Sie den Dissoziationsgrad α für verdünnte Milchsäure ($K_D = 1{,}38 * 10^{-4}\ mol/L$) bei folgenden Ausgangskonzentrationen:

a. c_0 = 1,0 mol/L
b. c_0 = 0,02 mol/L
c. $c_0 = 10^{-6}$ mol/L
d. $c_0 = 10^{-9}$ mol/L

Da es sich um einen schwachen Elektrolyten in verdünnten Lösungen handelt, kann die Näherung des Ostwald'schen Verdünnungsgesetzes verwendet werden:

$$K_D = \alpha^2 * c_0\left(AB\right)$$

a. $\alpha = 1{,}2 * 10^{-2} = 1{,}2\,\%$

b. $\alpha = 8{,}3 * 10^{-2} = 8{,}3\,\%$

c. $\alpha = 11{,}7$

d. $\alpha = 371{,}5$

9 pH-Berechnung

Die pH-Wert-Berechnung leitet sich von den Betrachtungen zu Elektrolyten ab. Dabei ist zunächst wichtig zu wissen, dass der pH-Wert über die Konzentration an Protonen definiert wird.

Protonen entstehen bei der Dissoziation von Säuren und bei der Autoprotolyse des Wassers. Als Autoprotolyse bezeichnet man den Vorgang, dass ein Lösungsmittel (z.B. Wasser) selbst dissoziiert (solvatisiert, lysiert). Dabei reagiert das Lösungsmittel als Elektrolyt und zerfällt in Kation und Anion.

Im Falle von destilliertem Wasser ist diese Dissoziation gering, aber als geringe Leitfähigkeit messbar. Die Dissoziation erfolgt in Oxoniumionen (H_3O^+) und Hydroxidionen (OH^-) und sieht wie folgt aus:

$$2\,H_2O \rightleftharpoons H_3O^+ + OH^-$$

Da es sich hier um eine Gleichgewichtsreaktion handelt, kann das MWG formuliert werden:

$$K = \frac{c(H_3O^+) * c(OH^-)}{c^2(H_2O)}$$

Das Wasser ist ein schwacher Elektrolyt, somit lässt sich für das MWG der Autoprotolyse eine wichtige Näherung aufstellen:

- $c^2(H_2O)$ verändert sich annähernd nicht durch Dissoziation, weil fast keine Ionen vorliegen, somit ist $c^2(H_2O)$ als konstant anzunehmen.
- Wenn $c^2(H_2O)$ ein konstanter Wert ist, kann er auch mit der Gleichgewichtskonstante zusammengefasst werden. Die dadurch neu entstandene Konstante wird als K_W bezeichnet.

$$K * c^2(H_2O) = c(H_3O^+) * c(OH^-)$$

$$K * c^2(H_2O) = K_W = c(H_3O^+) * c(OH^-)$$

$$K_W = c(H_3O^+) * c(OH^-)$$

»Ionenprodukt des Wassers«

MERKE:
Die Gleichgewichtskonstante K_W hat bei 25°C den Wert $1 * 10^{-14}$ $[mol/L]^2$.

9.1 Säuren und Basen

Für die Definition von Säuren und Basen gibt es mehrere Konzepte (vergl. Allgemeine Chemie). In der Stöchiometrie wird vor allem mit dem Konzept nach Brønsted gearbeitet. Hierbei sind Säuren Protonendonatoren, Basen dagegen Protonenakzeptoren.

$$HA \rightleftharpoons A^- + H^+$$

Wie in der allgemeinen Beispielreaktion beschrieben, entsteht aus einer Säure (HA) durch Abgabe eines Protons eine dazu korrespondierende Base (A^-). Säuren, ebenso wie Basen, werden nach Stärke unterteilt. Eine starke Säure dissoziiert fast vollständig in die korrespondierende Base und das Proton, sodass bei der Reaktion einer starken Säure in Wasser viele Protonen entstehen. Die Säurestärke gibt also auch an, wie weit das Reaktionsgleichgewicht auf Seiten der Produkte liegt (vergl. Elektrolyte).

MERKE:
Zu jeder Säure existiert eine korrespondierende Base. Dieses korrespondierende Säure-Base-Paar unterscheidet sich nur durch ein Proton.

Außerdem gilt folgender Zusammenhang:
Wenn die Säure eine hohe Säurestärke hat, ist die dazu korrespondierende Base schwach. Aus einer schwachen Säure entsteht eine starke korrespondierende Base.

9.2 Berechnung des pH-Wertes – Herleitung

Zur Herleitung der pH-Wert-Berechnung betrachten wir zuerst die Reaktion einer Säure bzw. ihrer korrespondierenden Base in Wasser:

$$HA + H_2O \rightleftharpoons A^- + H_3O^+ \qquad\qquad A^- + H_2O \rightleftharpoons HA + OH^-$$

Bei beiden Reaktionen handelt es sich um Gleichgewichtsreaktionen, somit lassen sich zu beiden die MWGs aufstellen:

$$K = \frac{c(A^-) * c(H_3O^+)}{c(HA) * c(H_2O)} \qquad\qquad K = \frac{c(HA) * c(OH^-)}{c(A^-) * c(H_2O)}$$

Da die Konzentration an Wasser in beiden Fällen deutlich größer ist als die anderen Konzentrationen, können wir davon ausgehen, dass sich diese nicht ändert. Somit ist sie als konstant anzusehen und kann mit der Gleichgewichtskonstante zu einer neuen Konstante zusammengefasst werden (vergl. Ionenprodukt des Wassers).

$$K * c(H_2O) = \frac{c(A^-) * c(H_3O^+)}{c(HA)} \qquad\qquad K * c(H_2O) = \frac{c(HA) * c(OH^-)}{c(A^-)}$$

$$K_S = \frac{c(A^-) * c(H_3O^+)}{c(HA)} \qquad\qquad K_B = \frac{c(HA) * c(OH^-)}{c(A^-)}$$

Im Falle der Reaktion der Säure in Wasser wird die neue Konstante als Säurekonstante K_S bezeichnet, im Falle der Base als Basenkonstante K_B.

MERKE:

Die Gleichgewichtsreaktion von Säuren bzw. Basen in Wasser wird in einem vereinfachten MWG dargestellt, in dem die Gleichgewichtsreaktion mit der Konzentration des Wassers zur Säure- bzw. Basenkonstante zusammengefasst wird. Diese Konstanten beschreiben somit auch die Lage des Gleichgewichts bzw. anders ausgedrückt, wie stark die Säure/Base dissoziiert.
Je größer der Wert von K_S bzw. K_B ist, desto größer ist die Säure-/Basenstärke und desto mehr liegt das Gleichgewicht auf Seiten der Produkte. Geläufig ist auch die Darstellung der Säure-/Basenkonstante als negativer Logarithmus, der dann als pK_S bzw. pK_B abgekürzt wird.

In folgender Tabelle sind die gängigsten Säuren und Basen mit ihren Gleichgewichtskonstanten aufgeführt.

pK_S	Säure	Base	pK_B
–10	Perchlorsäure ($HClO_4$)	Perchlorat (ClO_4^-)	24
–9	Iodwasserstoff (HI)	Iodid (I^-)	24
–6	Salzsäure (HCl)	Chlorid (Cl^-)	21
–3	Schwefelsäure (H_2SO_4)	Hydrogensulfat (HSO_4^-)	17
–1,74	Oxonium-Ion (H_3O^+)	Wasser (H_2O)	15,74
–1,3	Salpetersäure (HNO_3)	Nitrat (NO_3^-)	15,3
1,25	Oxalsäure ($H_2C_2O_4$)	Hydrogenoxalat ($HC_2O_4^-$)	12,75
1,92	Schwefelige Säure (H_2SO_3)	Hydrogensulfit (HSO_3^-)	12,08
1,92	Hydrogensulfat (HSO_4^-)	Sulfat(SO_4^{2-})	12,08
1,96	Phosphorsäure (H_3PO_4)	Dihydrogenphosphat($H_2PO_4^-$)	12,04
3,14	Fluorwasserstoff (HF)	Fluorid (F^-)	10,86
3,32	Salpetrige Säure (HNO_2)	Nitrit (NO_2^-)	10,68
3,45	Ascorbinsäure ($C_6H_8O_6$)	Ascorbat($C_6H_7O_6^-$)	10,55
3,74	Ameisensäure (HCOOH)	Formiat($HCOO^-$)	10,26
3,86	Milchsäure ($C_3H_6O_3$)	Lactat ($C_3H_5O_3^-$)	10,14
4,29	Hydrogenoxalat ($HC_2O_4^-$)	Oxalat ($C_2O_4^{2-}$)	9,71
4,75	Essigsäure (CH_3COOH)	Acetat (CH_3COO^-)	9,25
4,82	Buttersäure ($CH_3CH_2CH_2COOH$)	Butanat ($CH_3CH_2CH_2COO^-$)	9,18
6,52	Kohlensäure (H_2CO_3)	Hydrogencarbonat (HCO_3^-)	7,48
6,95	Schwefelwasserstoff (H_2S)	Hydrogensulfid (HS^-)	7,05
7,2	Hydrogensulfit(HSO_3^-)	Sulfit (SO_3^{2-})	6,8
7,21	Dihydrogenphosphat ($H_2PO_4^-$)	Hydrogenphosphat (HPO_4^{2-})	6,79
9,25	Ammonium (NH_4^+)	Ammoniak (NH_3)	4,75
9,4	Blausäure (HCN)	Cyanid (CN^-)	4,6
10,25	Hydrogencarbonat (HCO_3^-)	Carbonat (CO_3^{2-})	3,75
12,32	Hydrogenphosphat (HPO_4^{2-})	Phosphat (PO_4^{3-})	1,68
12,9	Hydrogensulfid (HS^-)	Sulfid (S^{2-})	1,1
15,74	Wasser (H_2O)	Hydroxid (OH^-)	–1,74

Ein korrespondierendes Säure-Base-Paar lässt sich auch anhand des MWG verknüpfen, dabei werden die jeweiligen Gleichungen miteinander multipliziert:

$$K_S * K_B = \frac{c(A^-) * c(H_3O^+)}{c(HA)} * \frac{c(HA) * c(OH^-)}{c(A^-)}$$

Durch Kürzen lässt sich der Term wie folgt vereinfachen:

$$K_S * K_B = c(H_3O^+) * c(OH^-)$$

Diesen Ausdruck haben wir schon als das Ionenprodukt des Wassers kennengelernt:

$$K_W = c(H_3O^+) * c(OH^-)$$

Somit zeigt sich, dass die Säure- und Basenstärke eines korrespondierenden Basenpaares über das Ionenprodukt des Wassers zusammenhängen:

$$K_S * K_B = K_W = 10^{-14} (mol/L)^2$$

Durch diesen Zusammenhang lässt sich aus einer bekannten Säurekonstante die Basenkonstante der korrespondierenden Base errechnen und umgekehrt.

MERKE:

$$K_S * K_B = K_W = 10^{-14} (mol/L)^2$$

Durch Anwendung des negativen Logarithmus (-log, auch als »p« abgekürzt) auf die ganze Gleichung kann es auch wie folgt formuliert werden:

$$-\log K_S + (-\log K_B) = -\log K_W = 14$$

$$pK_S + pK_B = pK_W = 14$$

9.3 Definition pH-Wert

Der pH-Wert definiert sich über die Konzentration an Protonen in einer Lösung und lässt sich mit folgender Formel berechnen:

$$pH = -\log c(H_3O^+)$$

Auch hier steht das »p« also für den Ausdruck »minus Logartithmus« (– log).
Wenden wir auf das Ionenprodukt des Wassers den negativen Logarithmus an, entdeckt man den Zusammenhang des Ionenprodukts mit dem pH einer Lösung:

$$K_W = c(H_3O^+) * c(OH^-) = 10^{-14} (mol/L)^2$$

$$pK_W = -\log c(H_3O^+) + (-\log c(OH^-)) = 14$$

$$pK_W = pH + pOH = 14$$

MERKE:

Der pH-Wert und pOH-Wert (gibt die Konzentration an Hydroxidionen an) hängen über das Ionenprodukt des Wassers zusammen. Somit kann aus einem bekannten pOH-Wert immer auch der pH-Wert einer Lösung (durch Subtraktion von 14) berechnet werden.

9.4 Berechnung des pH-Wertes von Säuren/Basen

Säuren stellen eine Sonderform von Elektrolyten dar. Sie dissoziieren in Wasser zu ihrer korrespondierenden Base und dem Oxoniumion (H_3O^+). Auch Säuren können analog zu den Elektrolyten je nach Stärke ihrer Dissoziation unterteilt werden. Eine starke Säure dissoziiert fast vollständig in ihre korrespondierende Base und H_3O^+, eine schwache Säure kaum.
Je nach Säurestärke wird also der pH-Wert der Lösung anders berechnet. Für Basen gelten diese Überlegungen analog:

9.4.1 Starke Säure ($pK_s \leq 1$)

Dissoziation zu fast 100%:

$$HA + H_2O \rightleftharpoons A^- + H_3O^+$$

Somit gilt, dass die Ausgangskonzentration der Säure vollständig zur korrespondierenden Base und H_3O^+ dissoziiert:

$$c_0(HA) = c(H_3O^+)$$

$$pH = -\log c(H_3O^+)$$

$$\boxed{pH = -\log c_0(HA)}$$

9.4.2 Starke Base ($pK_B \leq 1$)

Dissoziation zu fast 100%:

$$A^- + H_2O \rightleftharpoons HA + OH^-$$

Somit gilt auch hier, dass die Ausgangskonzentration der Base vollständig zur korrespondierenden Säure und OH^- dissoziiert:

$$c_0(A^-) = c(OH^-)$$

$$pOH = -\log c(OH^-)$$

$$pOH = -\log c_0(A^-)$$

$$pH = 14 - pOH$$

$$pOH = -\log c_0\left(A^-\right) \qquad pH = 14 - pOH$$

9.4.3 Schwache Säure ($pK_s \geq 3$)

Dissoziiert nur wenig:

$$HA + H_2O \rightleftharpoons A^- + H_3O^+$$

Somit liegt eine Gleichgewichtsreaktion vor, die durch das MWG beschrieben werden kann:

$$K_S = \frac{c\left(A^-\right) * c\left(H_3O^+\right)}{c\left(HA\right)}$$

Dabei gilt:

$$c\left(A^-\right) = c\left(H_3O^+\right)$$

$$c\left(HA\right) \approx c_0\left(HA\right)$$

somit lasst sich das MWG vereinfachen zu:

$$K \ = \frac{c \ \left(H \ O^+\right)}{c \ \left(HA\right)}$$

Und da der pH-Wert über die Konzentration der H_3O^+-Ionen Konzentration berechnet wird, wird diese Gleichung zu $c(H_3O^+)$ aufgelöst:

$$K_S * c_0\left(HA\right) = c^2\left(H_3O^+\right)$$

$$\sqrt{K_S * c_0\left(HA\right)} = c\left(H_3O^+\right)$$

Um nun den pH-Wert zu erhalten, wird der negative Logarithmus angewendet:

$$-\log\left(\sqrt{K_S * c_0\left(HA\right)}\right) = -\log\left(c\left(H_3O^+\right)\right)$$

$$\frac{1}{2}\left[pK_S - \log c_0\left(HA\right)\right] = pH$$

$$c\left(H_3O^+\right) = \sqrt{K_S * c_0\left(HA\right)} \qquad pH = \frac{1}{2}\left[pK_S - \log c_0\left(HA\right)\right]$$

9.4.4 Schwache Basen ($pK_B \geq 3$)

Dissoziiert nur wenig.
Die Herleitung erfolgt analog zu den schwachen Säuren.

$$c\left(OH^-\right) = \sqrt{K_B * c_0\left(A^-\right)} \qquad pOH = \frac{1}{2}\left[pK_B - \log c_0\left(A^-\right)\right]$$

MERKE:
Um für Säuren bzw. Basen den pH-Wert zu berechnen, muss zuerst die Säuren-/Basenstärke festgestellt werden. Danach entscheidet sich, welche Formel zur pH-Wert-Berechnung verwendet wird.

In vielen Fällen reicht die Einteilung in starke und schwache Säuren bzw. Basen. Vollständigkeitshalber wird die Berechnung des pH-Wertes bei mittelstarken Säuren bzw. Basen im Folgenden hergeleitet:

9.4.5 Mittelstarke Säure ($1 \leq pK_s \leq 3$)

$$HA + H_2O \rightleftharpoons A^- + H_3O^+$$

Es liegt ein Gleichgewicht vor, sodass das MWG aufgestellt werden kann:

$$K_S = \frac{c(A^-) * c(H_3O^+)}{c(HA)}$$

Im Falle der mittelstarken Säuren können jedoch keine Näherungen vorgenommen werden, da gilt (vergl. schwache bzw. starke Säuren):

$$c(HA) \neq c_0(HA)$$

$$c_0(HA) \neq c(H_3O^+)$$

Es gilt aber der folgende Zusammenhang:

$$c(A^-) = c(H_3O^+)$$

Außerdem ergibt sich die Säurekonzentration nach der Dissoziation als Differenz aus der Ausgangskonzentration und der Konzentration der entstandenen H_3O^+-Ionen.

$$c(HA) = c_0(HA) - c(H_3O^+)$$

Daraus lässt sich zusammenfassen:

$$K_S = \frac{c^2(H_3O^+)}{c_0(HA) - c(H_3O^+)}$$

Dies stellt eine quadratische Gleichung dar, mit $c(H_3O^+)$ als »X«. Aufgelöst wird diese mit Hilfe der Formel:

$$x^2 + px + q = 0; \rightarrow x_{1,2} = -\frac{p}{2} \pm \sqrt{\left(\frac{p}{2}\right)^2 - q}$$

und liefert folgendes Ergebnis:

$$c(H_3O^+) = -\frac{K_S}{2} + \sqrt{\left(\frac{K_S}{2}\right)^2 + K_S * c_0(HA)}$$

9.5 Übungsaufgaben pH-Wert-Berechnung

Folgende Schritte sind für die Lösung von Fragestellungen zum pH-Wert wichtig:

1. Handelt es sich um eine pH-Wert-Berechnung mit einer Säure/Base oder um eine Pufferaufgabe? (Puffer siehe Kapitel 10)

2. Betrachtung der Säuren-/Basenstärke:

- Umrechnung der K_S/K_B-Werte in die relevanten pK_S/pK_B-Werte. Also ggf. auch von dem korrespondierenden Partner in die pK_S/pK_B-Werte der gefragten Säure/Base.
- $pK_S/pK_B \leq 1$ $\quad pH = -\log c_0(HA)$ & $\quad pOH = -\log c_0(A^-)$
- $pK_S/pK_B \geq 3$ $\quad pH = \frac{1}{2}[pK_S - \log c_0(HA)]$ & $\quad pOH = \frac{1}{2}[pK_B - \log c_0(A^-)]$

3. Die Konzentrationen der Säuren/Basen, die in die Gleichungen eingesetzt werden, lassen sich aus Masse, Massenkonzentration und letztendlich immer über die Stoffmenge berechnen. Teilweise wird in Aufgaben eine Menge Säure/Base zum Teil neutralisiert und im Anschluss der pH-Wert berechnet. Dabei müssen die Stoffmengenverhältnisse für die Neutralisation berücksichtigt werden, um die noch vorhandene Stoffmenge Säure/Base zu ermitteln.

9.5.1 Berechnen Sie den pH-Wert einer 0,05 molaren Natronlauge!

Natronlauge ist eine starke Base:

5.10 $$pOH = -\log c\ (NaOH) = -\log 0{,}05\ mol/L = 1{,}3$$

5.11 $$pH = 14 - pOH = 14 - 1{,}3 = 12{,}7$$

9.5.2 Berechnen Sie den pH-Wert einer 10^{-8} molaren Salzsäure!

Salzsäure ist eine starke Säure:

5.8 $$pH = -\log c_0(HCl) = -\log 10^{-8}\ mol/L = 8$$

Achtung:
Kann eine wässrige Lösung einer starken Säure einen pH-Wert von 8 (= basisch) annehmen?

→ Nein! Hierbei handelt es sich um eine Lösung, in der die starke Säure sehr verdünnt vorliegt. In so einem Fall muss die Autoprotolyse des Wassers berücksichtigt werden, durch die in neutraler Lösung auch schon H_3O^+-Ionen entstehen, und zwar in einer Konzentration von 10^{-7} mol/L. Somit ist die Konzentration an Oxoniumionen, die durch die Autoprotolyse entstehen, größer als die durch die starke Säure gebildeten. Beide haben also einen Einfluss auf den pH-Wert und addieren sich:

$$pH = -\log c(H_3O^+) = -\log(10^{-8} + 10^{-7})\ mol/L = 6{,}95$$

MERKE:
Die vereinfachten Formeln zur pH-Wert-Berechnung von schwachen oder starken Säuren/Basen gelten also nicht für stark verdünnte Lösungen. Dort muss die Autoprotolyse des Wassers berücksichtigt werden.

9.5.3 Berechnen Sie den pH-Wert einer Ammoniak-Lösung der Konzentration $c_0(NH_3)$ = 0,05 mol/L. [$K_S(NH_4^+) = 5{,}62 * 10^{-10}$ mol / L]

Bei dieser Aufgabe soll der pH-Wert einer Base berechnet werden, wobei der K_s-Wert der korrespondierenden Säure angegeben ist. Somit wird zuerst der pK_s und daraus anschließend der pK_B-Wert berechnet. Dabei zeigt es sich, dass es sich um eine schwache Base handelt:

$$pK_s = -\log K_s = -\log 5{,}62 * 10^{-10}\,\text{mol/L} = 9{,}25$$

$$pK_B = 14 - pK_s = 14 - 9{,}25 = 4{,}75$$ 5.6

-> schwache Base: entsprechende Formel wird verwendet:

$$pOH = \frac{1}{2}\left[pK_B - \log c_0\left(A^-\right)\right]$$ 5.15

pK_B und c_0 werden eingesetzt, sodass der pOH-Wert erhalten wird.

$$pOH = \frac{1}{2}\left[4{,}75 - \log 0{,}05\,\text{mol/L}\right] = \frac{1}{2}\left[4{,}75 - (-1{,}3)\right] = 3$$

Da nach dem pH-Wert gefragt ist, wird über den Zusammenhang 14 = pH + pOH der pH-Wert berechnet.

$$pH = 14 - pOH = 14 - 3 = 11$$ 5.11

9.5.4 Bei einer Lösung einer schwachen Säure HA (c(HA) = 0,26 mol/L) wird ein pH-Wert von 3,50 bestimmt. Wie groß ist die Säurekonstante?

Bei dieser Aufgabe wird nach der Säurekonstante gefragt. Somit startet man den Lösungsweg mit der Aufstellung des MWG:

$$K_S = \frac{c\left(A^-\right) * c\left(H_3O^+\right)}{c(HA)}$$ 5.3

Da es sich um eine schwache Säure handelt, gilt:

$$c(HA) \approx c_0(HA)$$

Weiterhin wissen wir über die Angabe des pH-Wertes die Konzentration an H_3O^+-Ionen in der Lösung: pH = -log $c(H_3O^+)$. Um also zu $c(H_3O^+)$ aufzulösen, nehmen wir mal (–1) und wenden die Umkehrfunktion des dekadischen Logarithmus an (vergl. Kapitel 2):

$$K_S = \frac{c^2\left(H_3O^+\right)}{c_0(HA)} = \frac{(10^{-3{,}5}\,\text{mol/L})^2}{0{,}26\,\text{mol/L}} = 3{,}85 * 10^{-7}\,\text{mol/L}$$

9.5.5 Wie groß ist die Konzentration der Ameisensäure, wenn eine wässrige Ameisensäure-Lösung einen pH-Wert von 4,30 besitzt?

[$K_S(HCOOH) = 1{,}7 * 10^{-4}$ mol / L]

Wie in jeder Aufgabe zur pH-Wert-Berechnung von Säuren oder Laugen, wird zuerst anhand des pK_S festgestellt, ob es sich um eine starke oder schwache Säure handelt:

$$pK_s = -\log K_s = -\log 1{,}7 * 10^{-4}\,\text{mol/L} = 3{,}77$$

-> schwache Säure

5.12 $c\left(H_3O^+\right) = \sqrt{K_S * c_0\left(HCOOH\right)}$

Die Konzentration der Oxoniumionen leitet sich aus dem pH-Wert ab (5.1):

$$c\left(H_3O^+\right) = 10^{-pH}$$

$$c\left(HCOOH\right) = \frac{c^2\left(H_3O^+\right)}{K_s} = \frac{(10^{-4,3}\,mol/L)^2}{1,7 * 10^{-4}\,mol/L} = 1,48 * 10^{-5}\,mol/L$$

9.5.6 Sie mischen 300 mL einer 4,6%igen Kalilauge (ρ = 1,04 g/mL) mit 1200 mL einer 17%igen Natronlauge-Lösung (ρ = 1,19 g/mL). Nachdem Sie 500 mL einer 3 molaren Salzsäure-Lösung (ρ = 1,05 g/mL) hinzugegeben haben, ermitteln Sie die Dichte der entstandenen Lösung (ρ = 1,24 g/mL). Berechnen Sie den pH-Wert der entstandenen Lösung und geben Sie die Stoffmenge der Hydroxidionen an!
[M(KOH) = 56,11 g/mol; M(NaOH) = 40 g/mol]

2.2, 2.3 $m\left(KOH_{rein}\right) = 14,35\ g$

2.2, 2.3 $m\left(NaOH_{rein}\right) = 242,76\ g$

1.1 $n\left(OH^-\right) = n\left(KOH_{rein}\right) + n\left(NaOH_{rein}\right) = 0,26\ mol + 6,07\ mol = 6,33\ mol$

1.1 $n\left(OH^-\right)_{nach\,Neutralisation} = n\left(OH^-\right) - n\left(H^+\right) = 4,83\ mol$

2.2 $V_{Mischung} = 1,83\ L$

1.2 $c\left(OH^-\right) = 2,64\ mol/L$

5.10, 5.11 $pH = 14,4 = 14$

9.5.7 Sie stellen 250 mL einer $KHSO_4$-Lösung der Konzentration 5 g/L her. Welchen pH-Wert besitzt die Lösung [M($KHSO_4$) = 136,17 g/mol; pK_s($KHSO_4$) = 1,92]?

2.1 $0,25\,L * 5\frac{g}{L} = 1,25\,g$

1.1 $n = \frac{m}{M} = \frac{1,25\,g}{136,17\,g/mol} = 9,18 * 10^{-3}\ mol$

1.3 $c_0 = \frac{9,18 * 10^{-3}\ mol}{0,25\,L} = 0,037\,mol/L$

$$c\left(H_3O^+\right) = -\frac{K_S}{2} + \sqrt{\left(\frac{K_S}{2}\right)^2 + K_S * c_0}$$

$$c\left(H_3O^+\right) = -\frac{10^{-1,92}}{2} + \sqrt{\left(\frac{10^{-1,92}}{2}\right)^2 + 10^{-1,92} * 0,037\frac{mol}{L}}$$

$$= -6,01 * 10^{-3} + 0,022 = 0,0159$$

5.1 $pH = -\log c\left(H_3O^+\right) = -\log\left(0,0159\right) = 1,79$

9.5.8 Sie stellen eine Schwefelige Säure her, indem Sie 5 L SO_2 in 500 mL Wasser lösen. Welchen Massenanteil und pH hat die entstandene Schwefelige Säure [$M(SO_2) = 64{,}06$ g/mol; $M(H_2SO_3) = 82{,}02$ g/mol; $pK_s = 1{,}92$]?

$$SO_2 + H_2O \rightleftharpoons H_2SO_3$$

$$n(SO_2) = \frac{5\,L}{22{,}4\,L/mol} = 0{,}223\,mol$$

$$m(SO_2) = 0{,}223\,mol * 64{,}06\,g/mol = 14{,}3\,g$$ 1.3

$$m\ Lösung = 500\,g + 14{,}3\,g = 514{,}3\,g$$

$$n(SO_2) = n(H_2SO_3)$$

$$m(H_2SO_3) = 0{,}223\,mol * 82{,}02\,g/mol = 18{,}3\,g$$ 1.3

$$(H_2SO_3) = \frac{18{,}3\,g}{514{,}3\,g} = 3{,}6\%$$

$$c(H_2SO_3) = \frac{0{,}223\,mol}{0{,}5\,L} = 0{,}446\,mol/L$$ 1.2

$$c(H_3O^+) = -\frac{K_S}{2} + \sqrt{\left(\frac{K_S}{2}\right)^2 + K_S * c_0}$$

$$c(H_3O^+) = -\frac{10^{-1{,}92}}{2} + \sqrt{\left(\frac{10^{-1{,}92}}{2}\right)^2 + 10^{-1{,}92} * 0{,}446\frac{mol}{L}}$$

$$= -6{,}01 * 10^{-3} + 0{,}073 = 0{,}067$$

$$pH = -\log c(H_3O^+) = -\log(0{,}067) = 1{,}17$$

9.5.9 Zur Neutralisation einer Bariumhydroxid-Lösung (50 g) wurden 20,2 mL einer 2,0 molaren Salzsäure verbraucht. Welchen Massenanteil hatte die Lauge? [$M(Ba(OH)_2) = 171{,}34$ g/mol]

$$\omega = 0{,}069 = 6{,}9\,\%$$

9.5.10 Berechnen Sie den pH-Wert einer Ammoniak-Lösung, die eine Massenkonzentration von 102,18 g/L besitzt. Wie viel Gramm Ammoniak enthält die Lösung bei einem Volumen von 500 mL? [$M(NH_3) = 17{,}03$ g/mol; $K_S = 5{,}6 * 10^{-10} (mol/L)^2$]

$$pH = 12;\ m(NH_3) = 51{,}1\,g$$

9.5.11 Bei einem Tankerunglück auf dem Rhein verliert ein Tankschiff 2400 Tonnen 96%ige Schwefelsäure. Diese vermischen sich mit 180 Millionen Liter Wasser des Rheins. Welcher Massenanteil Schwefelsäure liegt dann im Rhein vor? Wie viele Tonnen Natriumhydrogencarbonat müssten Sie in den Rhein schütten, um die Schwefelsäure zu neutralisieren? [$M(H_2SO_4) = 98{,}08$ g/mol; $M(NaHCO_3) = 84{,}01$ g/mol; Dichte $(H_2SO_4) = 1{,}83$ g/mL]

$$\omega = 0{,}013 = 1{,}3\,\%;\ m(NaHCO_3) = 3947\,t$$

9.5.12 Sie neutralisieren einen Behälter einer wässrigen sauren Lösung mit einer Kalilauge (ρ = 1,04 g/mL), deren pH mit 12 stark basisch ist.

a. Wie viel Gramm KOH sind in der Kalilauge enthalten, wenn diese 420 g wiegt?

b. Um die Lösung im Behälter zu neutralisieren, benötigt man 50,1 mL dieser Kalilauge. Welchen pH-Wert besaß die wässrige saure Lösung?

[M(KOH) = 56,11 g/mol]

a) $m(KOH) = 0{,}23\ g$; b) $pH = 3{,}3$

9.5.13 Sie wiegen 30,0 g KOH in ein Becherglas und lösen dies in 400 mL Wasser. Diese Kalilauge (Lösung 1) mischen Sie mit 120 mL 20,0%iger Kalilauge (Lösung 2) und geben 50,0 mL einer 3,00 molaren Kalilauge (Lösung 3) hinzu. Wie viel Massenprozent KOH enthält die daraus entstandene Kalilauge (Gesamtlösung)? Welchen pH-Wert besitzt diese Gesamtlösung?
[M(KOH) = 56,11 g/mol; ρ(Lösung 2) = 1,18 g/mL; ρ(Lösung 3) = 1,14 g/mL; ρ(Gesamtlösung) = 1,11 g/mL]

$\omega = 0{,}107 = 10{,}7\ \%$; $pH = 14{,}3$

9.5.14 Aus 0,35 L einer 25%igen Essigsäure (ρ = 1033 g/L) werden durch Verdünnen mit Wasser 500 mL Essigsäure-Lösung hergestellt. Welchen pH-Wert besitzt die hergestellte Lösung und welche Konzentration Essigsäure enthält sie?
[M(HOAc) = 60,03 g/mol; $K_S = 1{,}78 * 10^{-5}\ mol / L$]

$c(HOAc) = 3{,}0\ mol/L$; $pH = 2{,}1$

9.5.15 In einem Behälter befinden sich 580 mL einer wässrigen Natronlauge ($\rho \approx$ 1000 g/L), die einen pH-Wert von 13,4 besitzt. Welchen Massenanteil besitzt diese wässrige Natronlauge? Um die Lösung im Behälter zu neutralisieren, benötigt man 140 mL Schwefelsäure. Bestimmen Sie daraus die Massenkonzentration der Schwefelsäure!
[M(NaOH) = 40,0 g/mol; M(H_2SO_4) = 98,1 g/mol]

$\omega = 0{,}01 = 1\%$; $\beta = 0{,}05\ g/mL$

9.5.16 Ein großer Bestandteil von Smog ist Schwefeldioxid, welches durch Oxidation mit Sauerstoff zu Schwefeltrioxid abgebaut wird. Dieses wird dann mit Regen als Schwefelsäure ausgespült. (»saurer Regen«). Saurer Regen greift Oberflächen, wie z.B. Marmor ($CaCO_3$), an und zerstört diese.
Wie viele Liter saurer Regen, mit einem Massenanteil von 10,0% Schwefelsäure, würden eine dünne, 3,00 kg schwere Marmorplatte komplett zerstören? Und welches Molvolumen Schwefeldioxid muss vorgelegen haben?
[M(H_2SO_4) = 98 g/mol; M($CaCO_3$) = 100,1 g/mol; ρ($H_2SO_{4\ 10\%}$) = 1,066 g/mL]

$V(H_2SO_{4\,10\%}) = 27{,}6\ L$; $V_{mol} = 671\ L$

9.5.17 193 mL Schwefelsäure der Dichte 1,52 kg/dm³ werden auf 2000 mL mit Wasser verdünnt (»Erst das Wasser, dann die Säure, sonst...«). 5,0 mL dieser verdünnten Säure verbrauchen bis zur vollständigen Neutralisation 18,6 mL einer Natronlauge der Konzentration 0,50 mol/L. Welchen Massenanteil Schwefelsäure enthält die unverdünnte Säure?
[M(H_2SO_4) = 98 g/mol]

$\omega(H_2SO_4) = 62\ \%$

9.5.18 **Sie lösen reines Natriumcarbonat in Wasser auf, sodass die entstandene Lösung ein Gesamtvolumen von 0,60 m³ besitzt. Für die Neutralisation von 150 mL dieser Lösung benötigt man 60 mL einer 0,70 M Essigsäure-Lösung.**

a. Wie viel Kilogramm reines Natriumcarbonat wurde in Wasser gelöst?

b. Wie groß ist die Säurekonstante der schwachen Säure Essigsäure, wenn die 60 mL einen pH-Wert von 2,45 besitzt.

[M(Na_2CO_3) = 105,96 g/mol]

$m(Na_2CO_3) = 8{,}9\ kg$; $K_s = 1{,}8 * 10^{-5}\ mol/L$

9.5.19 **Sie möchten eine Lösung herstellen, die Hydroxidionen in einer Massenkonzentration von 25,5 g/L enthält. Dazu mischen Sie 250 mL einer 10,0%igen Natronlauge (ρ = 1,11 g/mL) mit 500 mL einer 7,0%igen Kaliumhydroxid-Lösung (ρ = 1045 kg/L) und füllen mit Wasser auf 1,0 L auf. Wie viel Gramm festes Natriumhydroxid müssen Sie jetzt noch hinzugeben? Bei Zugabe des festen NaOH verändert sich die Dichte nicht. Welchen pH-Wert hat die fertige Lösung?**
[M(K) = 39,00 g/mol, M(Na) = 23,00 g/mol]

$m(NaOH) = 6{,}4\ g$; $pH = 13{,}8 = 14$

10 Puffer

Puffer sind Systeme zweier Teilchenspezies in einer Lösung, die die Lage des pH-Wertes einer Lösung in einem gewissen Bereich stabilisieren können, auch wenn zu der Lösung eine Säure oder eine Base zugegeben wird. Aufgrund dieser Eigenschaft spielen Puffer eine große Rolle in der Chemie, Pharmazie und Medizin. Auch der menschliche Körper ist auf verschiedene Puffersysteme, u.a. im Blut, angewiesen.

Ein Puffersystem besteht immer aus einer schwachen Säure und ihrer korrespondierenden Base. Nur wenn beide Spezies sich in der Lösung befinden, liegt ein Puffer vor. Außerdem ist entscheidend, dass es sich um ein korrespondierendes Säure-Base-Paar einer schwachen Säure handelt. Eine starke Säure wie Salzsäure oder Schwefelsäure eignet sich nicht für einen Puffer. Typische korrespondierende Säure-Base-Paare als Puffersysteme sind beispielsweise Essigsäure/Acetat oder Ammonium/Ammoniak.

Die durch einen Puffer erzielte Stabilisierung des pH-Wertes bei Zugabe von Säure oder Base beruht darauf, dass die zugeführten Hydroxonium- oder Hydroxidionen in der gepufferten Lösung abgefangen werden, wobei jeweils die schwache Säure oder die korrespondierende Base des Puffersystems gebildet werden. In einem Essigsäure/Acetat-Puffer entstehen beispielsweise bei Zugabe von Hydroxidionen aus der Essigsäure Acetationen, während die zugeführten Hydroxidionen zu Wasser neutralisiert werden. Da Acetationen wesentlich weniger basisch reagieren als Hydroxidionen, ändert sich der pH-Wert nur wenig. Umgekehrt entstehen bei Zugabe von Hydroxoniumionen zu einem Essigsäure/Acetat-Puffer aus Acetationen Essigsäuremoleküle und aus den Hydroxoniumionen Wasser, wobei wiederum Essigsäure wesentlich weniger sauer reagiert als Hydroxoniumionen.

$$HOAc + OH^- \rightleftharpoons OAc^- + H_2O$$

$$OAc^- + H_3O^+ \rightleftharpoons HOAc + H_2O$$

Dieses System kann natürlich nur in einem begrenzten Bereich funktionieren, nämlich nur so lange Essigsäuremoleküle bzw. Acetationen in relevanter Menge in Lösung vorhanden sind. Ein Puffersystem aus dem korrespondierenden Säure-Base-Paar HA/A^- funktioniert in etwa nur in einem Bereich

$$\frac{1}{10} < \frac{n(HA)}{n(A^-)} < \frac{10}{1},$$

also in etwa so lange die Stoffmenge eines Partners noch wenigstens 1/10 der Stoffmenge des anderen Partners ausmacht. Die höchste Kapazität hat ein Puffer, wenn die Säure und ihre korrespondierende Base im Verhältnis 1:1 vorliegen.

MERKE:

Ein Puffer besteht immer aus einer schwachen Säure und ihrer korrespondierenden Base.

Ein Puffer kann den pH im Bereich $\frac{1}{10} < \frac{n(HA)}{n(A^-)} < \frac{10}{1}$ stabilisieren.

Die Pufferkapazität ist am höchsten, wenn Säure und korrespondierende Base im Verhältnis 1:1 vorliegen.

Um den pH-Wert einer gepufferten Lösung zu berechnen, kann auf das Massenwirkungsgesetz zurückgegriffen werden. Hierfür betrachten wir die Reaktion bzw. das Gleichgewicht zwischen schwacher Säure und korrespondierender Base:

$$HA \quad + \quad H_2O \quad \rightleftharpoons \quad A^- \quad + H_3O^+$$

Es gilt gemäß dem Massenwirkungsgesetz:

$$K = \frac{c(H_3O^+) * c(A^-)}{c(H_2O) * c(HA)}$$

Unter der Annahme, dass die Konzentration von Wasser konstant ist, kann sie mit in die Reaktionsgleichgewichtskonstante K (siehe Kapitel 9) eingerechnet werden:

$$K_s = \frac{c(H_3O^+) * c(A^-)}{c(HA)}$$

Um aus dieser Gleichung den pH-Wert zu berechnen, wird der Term nach der Oxoniumionen-Konzentration aufgelöst

$$c(H_3O^+) = K_s * \frac{c(HA)}{c(A^-)}$$

und anschließend der negative dekadische Logarithmus gezogen, sodass aus der Oxoniumionen-Konzentration der pH-Wert und aus der Säurekonstante K_S der pK_S wird:

$$pH = pK_s - \log \frac{c(HA)}{c(A^-)}$$

Die so hergeleitete Gleichung zur Berechnung des pH-Werts in einem Puffersystem bezeichnet man als Henderson-Hasselbalch-Gleichung.

Die Henderson-Hasselbalch-Gleichung kann (zu etwaiger Vereinfachung von Berechnungen) umgeformt werden, denn durch Ändern des Vorzeichens des Logarithmus dreht sich der logarithmierte Bruch:

$$pH = pK_s - \log \frac{c(HA)}{c(A^-)} \qquad \longleftrightarrow \qquad pH = pK_s + \log \frac{c(A^-)}{c(HA)}$$

Außerdem kann im Quotienten aus den Konzentrationen der Säure und der korrespondierenden Base das Volumen gekürzt werden (da sich natürlich beide Konzentrationen auf das gleiche Volumen beziehen), sodass die Stoffmengen der Säure und der korrespondierenden Base stehen bleiben:

$$pH = pK_s - \log \frac{n(HA)}{n(A^-)} \qquad \longleftrightarrow \qquad pH = pK_s + \log \frac{n(A^-)}{n(HA)}$$

Daraus ergibt sich auch, dass der pH-Wert eines Puffers nicht von seiner Konzentration oder seinem Volumen abhängt.

MERKE:
Zur Berechnung des pH-Werts eines Puffers dient die Henderson-Hasselbalch-Gleichung

$$pH = pK_s - \log\frac{c(HA)}{c(A^-)}$$

Der pH-Wert eines Puffers hängt nicht von seiner Konzentration ab, das Volumen kann gekürzt werden.

An der Henderson-Hasselbalch-Gleichung kann man ablesen, dass der pH-Wert einer gepufferten Lösung immer im Bereich des pK_S-Wertes des verwendeten Säure-Base-Paares liegt. Da der Pufferungseffekt im Bereich $\frac{1}{10} < \frac{n(HA)}{n(A^-)} < \frac{10}{1}$ stattfindet, ergibt sich für einen Puffer der pH-Bereich von $pH = pK_S \pm 1$. Je nach pH-Bereich, in dem eine Lösung gepuffert werden soll, muss also ein geeignetes Puffersystem/Säure-Base-Paar gewählt werden. Als Anhaltspunkt dient hier der pK_S-Wert. Am Punkt der maximalen Pufferkapazität, wenn also Säure und korrespondierende Base im Verhältnis 1:1 vorliegen, ist der pH-Wert des Puffers gleich dem pK_S-Wert.

Gängige Puffersysteme (Beispiele):

Säure-Base-Paar	*pK_s-Wert*
Essigsäure/Acetat	4,75
Ammonium/Ammoniak	9,25
$H_3PO_4/H_2PO_4^-$	2,16
$H_2PO_4^-/HPO_4^{2-}$	7,21
Cyansäure/Cyanat	3,92
Ameisensäure/Formiat	3,77
Kohlensäure/Bicarbonat (Blutpuffer)	6,1
Citronensäure	3,08; 4,74; 5,40

Auf Basis der Henderson-Hasselbalch-Gleichung lässt sich berechnen, mit welchen Stoffmengen ein gewünschter Puffer mit vorgegebenem pH-Wert herzustellen ist oder welchen pH-Wert eine gepufferte Lösung nach Zugabe von Säure oder Base aufweist.

Beispiele:

10.1. Sie lösen 0,84 g Natriumdihydrogenphosphat in 3,5 L Wasser. (a) Welchen pH-Wert hat die resultierende Lösung? (b) Sie verwenden nicht 3,5 L Wasser, sondern 3,5 L einer 2,0 mM Dinatriumhydrogenphosphat-Lösung. Welchen pH-Wert hat der resultierende Puffer? [$M(NaH_2PO_4) = 120$ g/mol; $pK_S = 7,12$]

Der pH-Wert einer Natriumdihydrogenphosphat-Lösung errechnet sich mit Hilfe der pH-Wert-Gleichung für schwache Säuren (siehe Kapitel 9):

$$c(H_3O^+) = \sqrt{K_s * c(HA)}$$ 5.12

Um die Gleichung lösen zu können, muss zunächst die Konzentration an Natriumdihydrogenphosphat berechnet werden:

1.1, 1.2 $$c = \frac{n}{V} = \frac{\frac{m}{M}}{V} = \frac{\frac{0{,}84\ g}{120 g/mol}}{3{,}5\ L} = 2 * 10^{-3}\ mol/L$$

5.12 $$c(H_3O^+) = \sqrt{K_s * c(HA)} = \sqrt{10^{-7{,}12} \frac{mol}{L} * 2 * 10^{-3} \frac{mol}{L}} = 1{,}23 * 10^{-5} \frac{mol}{L}$$

Der pH-Wert ist der negative dekadische Logarithmus der Oxoniumionen-Konzentration:

5.1 $$pH = -\log c(H_3O^+) = 4{,}9$$

Wird Natriumdihydrogenphosphat in einer Lösung gelöst, die bereits Dinatriumhydrogenphosphat enthält, werden eine schwache Säure und ihre korrespondierende Base in einer Lösung vereinigt, sodass ein Puffer entsteht. Um den pH-Wert dieser Lösung zu berechnen, muss die Henderson-Hasselbalch-Gleichung verwendet werden. Die benötigten Konzentrationen der beiden Pufferkomponenten sind bereits bekannt:

$$c(HA) = c(H_2PO_4^-) = 2 * 10^{-3}\ mol/L$$

$$c(A^-) = c(HPO_4^{2-}) = 2 * 10^{-3}\ mol/L$$

6.1 $$pH = pK_s - \log \frac{c(HA)}{c(A^-)} = 7{,}12 - \log \frac{2 * 10^{-3} \frac{mol}{L}}{2 * 10^{-3} \frac{mol}{L}} = 7{,}12 - \log 1 = 7{,}12 - 0 = 7{,}12 = 7{,}1$$

10.2 Berechnen Sie den pH-Wert einer Ammoniak-Lösung mit c = 0,500 mol/L! Zu 200 mL dieser Ammoniak-Lösung werden 300 mL einer Ammoniumchlorid-Lösung mit c = 0,100 mol/L hinzugefügt. Berechnen Sie den pH der neu entstandenen Lösung!

$[K_B(NH_3) = 2 * 10^{-5}\ mol/L]$

Zur Berechnung des pH-Wertes von Ammoniaklösung dient die pH-Wert-Gleichung für schwache Basen:

5.14 $$c(OH^-) = \sqrt{K_B * c(A^-)} = \sqrt{2 * 10^{-5} \frac{mol}{L} * 0{,}5 \frac{mol}{L}} = 3{,}16 * 10^{-3} \frac{mol}{L}$$

$$pOH = -\log c(OH^-) = 2{,}5$$

5.11 $$pH = 14 - pOH = 11{,}5$$

Durch die Zugabe von Ammoniumchlorid entsteht ein Puffer, zu dessen pH-Wert-Berechnung die Henderson-Hasselbalch-Gleichung verwendet werden muss. In diesem Fall ist es günstig, die Stoffmengen der Pufferkomponenten in die Gleichung einzusetzen, die zunächst berechnet werden müssen:

1.2 $$n(HA) = n(NH_4^+) = c * V = 0{,}1\ mol/L * 0{,}3\ L = 0{,}03\ mol$$

1.2 $$n(A^-) = n(NH_3) = c * V = 0{,}5\ mol/L * 0{,}2\ L = 0{,}1\ mol$$

Zur Lösung der Henderson-Hasselbalch-Gleichung muss außerdem noch über den pK_B-Wert der pK_S-Wert berechnet werden:

$$pK_B = -\log K_B = -\log 2 * 10^{-5}\,mol/L = 4{,}69$$

$$pK_S = 14 - pK_B = 14 - 4{,}69 = 9{,}31$$

Nun kann die Henderson-Hasselbalch-Gleichung gelöst werden:

$$pH = pK_s - \log\frac{n(HA)}{n(A^-)} = 9{,}31 - \log\frac{0{,}03\,mol}{0{,}1\,mol} = 9{,}8$$ 6.1

10.3 Aus Cyansäure (HOCN) und Kaliumcyanat (KOCN) soll eine Pufferlösung mit pH = 3,50 hergestellt werden. Welches Stoffmengenverhältnis wird benötigt? [pK_S(HOCN) = 3,92]

Zur Bestimmung des benötigten Stoffmengenverhältnisses muss die Henderson-Hasselbalch-Gleichung verwendet werden. In diesem Fall sind pK_S-Wert und gewünschter pH-Wert bekannt und können in die Gleichung eingesetzt werden. Zunächst muss aber die Henderson-Hasselbalch-Gleichung nach dem Stoffmengenverhältnis aufgelöst werden:

$$pH = pK_s - \log\frac{n(HA)}{n(A^-)}$$ 6.1

$$pK_S - pH = \log\frac{n(HA)}{n(A^-)}$$

$$10^{pK_S - pH} = \frac{n(HA)}{n(A^-)}$$

Nun können die Werte in die aufgelöste Gleichung eingesetzt werden:

$$10^{3{,}92-3{,}5} = 10^{0{,}42} = \frac{2{,}63}{1} = \frac{n(HA)}{n(A^-)}$$

Cyansäure und Kaliumcyanat müssen also im Verhältnis 2,63 zu 1 eingesetzt werden.

10.4 Aus 14,5 g Natriumacetat und 1,0 mol Essigsäure werden 30 mL Puffer-Lösung hergestellt. Berechnen Sie den pH-Wert der entstandenen Lösung! Wie ändert sich der pH-Wert der Lösung bei Zugabe von 50 mL einer 5,0-molaren NaOH-Lösung? [pK_S = 4,75; M(Natriumacetat) = 82,03 g/mol]

Zur Berechnung des pH-Wertes der Pufferlösung mittels der Henderson-Hasselbalch-Gleichung werden die Stoffmengen der Pufferkomponenten benötigt:

$$n(HA) = n(HOAc) = 1\,mol$$

$$n(A^-) = n(OAc^-) = \frac{m}{M} = \frac{14{,}5\,g}{82{,}03\,g/mol} = 0{,}177\,mol$$ 1.1

Damit kann die Henderson-Hasselbalch-Gleichung gelöst werden:

6.1 $$pH = pK_s - \log\frac{n(HA)}{n(A^-)} = 4{,}75 - \log\frac{1\,mol}{0{,}177\,mol} = 3{,}99 = 4{,}0$$

Durch Zugabe von Natriumhydroxid wird Essigsäure zu Natriumacetat umgesetzt und somit die Lage des Puffers verschoben.

$HOAc + NaOH \rightarrow NaOAc + H_2O$

Die Umsetzung erfolgt 1:1, es muss aber beachtet werden, dass Essigsäure verbraucht und Natriumacetat gebildet wird. Die entstehende Stoffmenge Acetationen und die verbrauchte Stoffmenge Essigsäure entsprechen der zugegebenen Stoffmenge Natriumhydroxid:

1.2 $$n(NaOH) = c * V = 5\,\frac{mol}{L} * 0{,}05\,L = 0{,}25\,mol = n(HOAc)_{verbraucht} = n(OAc^-)_{gebildet}$$

Für die Berechnung des pH-Wertes der Pufferlösung müssen nun die neuen Gesamtstoffmengen beider Pufferkomponenten berechnet und in die Henderson-Hasselbalch-Gleichung eingesetzt werden:

$$n(HOAc)_{neu} = n(HOAc) - n(HOAc)_{verbraucht} = 1\,mol - 0{,}25\,mol = 0{,}75\,mol = n(HA)$$

$$n(OAc^-)_{neu} = n(OAc^-) + n(OAc^-)_{gebildet} = 0{,}177\,mol + 0{,}25\,mol = 0{,}43\,mol = n(A^-)$$

6.1 $$pH = pK_s - \log\frac{n(HA)}{n(A^-)} = 4{,}75 - \log\frac{0{,}75\,mol}{0{,}43\,mol} = 4{,}75 - 0{,}24 = 4{,}51 = 4{,}5$$

10.5 Zur Herstellung von 5,00 dm³ eines Acetatpuffers mit pH 4,50 verwenden Sie 80,0 mL Essigsäure und 55,0 g Kaliumacetat. Welches Volumen 5,00 %ige Kalilauge müssen Sie zur Einstellung des gewünschten pH-Wertes noch zugeben? (Die Volumenzunahme durch die Zugabe von Kalilauge bleibt unberücksichtigt.)
[M(HOAc) = 60,05 g/mol; ρ(HOAc) = 1,05 g/mL; pK_s(HOAc) = 4,75; M(KOAc) = 98,15 g/mol; M(KOH) = 56,11 g/mol; ρ(KOH, 5 %) = 1,04 g/mL]

Mithilfe des vorgegebenen pH- bzw. pK_S-Wertes kann das Stoffmengenverhältnis zwischen Essigsäure und Acetationen berechnet werden, das für den einzustellenden pH-Wert vorliegen muss:

6.1 $$pH = pKs - \log\frac{n(HOAc)_{gesucht}}{n(OAc^-)_{gesucht}}$$

$$\rightarrow \frac{n(HOAc)_{gesucht}}{n(OAc^-)_{gesucht}} = 10^{pKs-pH} = 10^{0{,}25} = 1{,}78$$

$$\rightarrow n(HOAc)_{gesucht} = 1{,}78 * n(OAc^-)_{gesucht}$$

Die vorliegenden Stoffmengen Essigsäure und Kaliumacetat können ebenfalls berechnet werden:

1.1 $$n(HOAc) = \frac{m}{M} = \frac{80\,mL * 1{,}05\,g/mL}{60{,}05\,g/mol} = 1{,}40\,mol$$

1.1 $$n(KOAc) = \frac{55\,g}{98{,}15\,g/mol} = 0{,}56\,mol$$

Vor der Zugabe von Kalilauge ist das Stoffmengenverhältnis also zur Essigsäure verschoben. Um die notwendige Stoffmenge Kalilauge zu berechnen, werden die vorhandenen Stoffmengen Essigsäure und Kaliumacetat in die aus der Henderson-Hasselbalch-Gleichung abgeleitete Beziehung zwischen den Stoffmengen eingesetzt:

$$n(HOAc)_{gesucht} = 1{,}78 * n(OAc^-)_{gesucht}$$

Dieser Term enthält aber noch zwei Unbekannte, die jedoch mit Hilfe der gesuchten Stoffmenge Kaliumhydroxid zu einer Unbekannten vereinfacht werden können, denn beide am gewünschten pH-Wert vorliegenden Stoffmengen Essigsäure und Kaliumacetat lassen sich gemäß folgender Gleichungen durch die Stoffmenge Kaliumhydroxid ausdrücken:

$$n(HOAc)_{gesucht} = n(HOAc) - n(KOH) = 1{,}40\ mol - n(KOH)$$

$$n(OAc^-)_{gesucht} = n(OAc^-) + n(KOH) = 0{,}56\ mol + n(KOH)$$

Setzt man diese beiden Ausdrücke in den aus der Henderson-Hasselbalch-Gleichung abgeleiteten Term ein, ergibt sich:

$$1{,}40\ mol - n(KOH) = 1{,}78 * (0{,}56\ mol + n(KOH))$$

Auflösen dieser Gleichung liefert die benötigte Stoffmenge Kaliumhydroxid, woraus sich die benötigte Masse reinen Kaliumhydroxids berechnen lässt:

$$n(KOH) = \frac{1{,}40\ mol - (1{,}78 * 0{,}56\ mol)}{2{,}78} = 0{,}145\ mol$$

$$m(KOH) = n * M = 0{,}145\ mol * 56{,}11 \frac{g}{mol} = 8{,}14\ g$$ 1.3

Die benötigte Masse 5 %iger Kalilauge ergibt sich aus:

$$\frac{m_x}{m_{ges}} = 0{,}05$$ 2.3

$$m_{ges} = \frac{m_x}{0{,}05} = \frac{8{,}14\ g}{0{,}05} = 163\ g = m(KOH)_{5\%}$$ 2.3

Das benötigte Volumen berechnet sich schließlich über die Dichte:

$$V(KOH)_{5\%} = \frac{m}{\rho} = \frac{163\ g}{1{,}04\ g/mL} = 156\ mL$$ 2.2

10.6 Sie lösen 4,0 g Natriumacetat in 100 mL Wasser und tropfen anschließend 10 mL 2,0 M HCl hinzu.

a) Welchen pH-Wert hat die entstandene Lösung?

b) Wie viel mL HCl hätten Sie dazutropfen müssen, um die höchste Pufferkapazität zu erreichen?

[M(NaOAc) = 82,034 g/mol, pK_S = 4,75]

a) $n(\text{NaOAc}) = \frac{m}{M} = \frac{4\ \text{g}}{82{,}034\ \text{g/mol}} = 0{,}049\ \text{mol}$

1.2 $n(\text{HCl}) = c * V = 2\ \text{mol/L} * 0{,}1\ \text{L} = 0{,}02\ \text{mol}$

6.1 $pH = pKs - \log\frac{\text{Säure}}{\text{Base}} = 4{,}75 - \log\frac{0{,}02\ \text{mol}}{0{,}029\ \text{mol}} = 4{,}9$

b)

Größte Pufferkapazität: pH = pK_S $\rightarrow$ Gegeben wenn c(Base) = c(Säure)

n(NaOAc) = 0,049 mol

$n(\text{NaOAc})_{neu} = n(\text{HOAc}) = n(\text{HCl}) = 0{,}024\ \text{mol}$

1.2 $V(\text{HCl}) = \frac{n}{c} = \frac{0{,}024\ \text{mol}}{2\ \text{mol/L}} = 0{,}01219\ \text{L} = 12{,}19\ \text{mL} = 12\ \text{mL}$

10.7 Um den pH-Wert einer Lösung auf 9,25 einzustellen, verwenden Sie 2,0 mL einer Ammoniumchlorid-Lösung und 1,0 mL einer 25 %igen Ammoniak-Lösung (nehmen Sie jeweils die Dichte von 1,0 g/mL an).

a) Welchen Massenanteil an Ammoniumchlorid besitzt die Ammoniumchlorid-Lösung?

b) Wie viel mL konzentrierter Salzsäure (36 %ig, ρ = 1,18 g/mL) können Sie hinzugeben, bis Sie den pH 8,0 erreichen?

[M(NH_4Cl) = 53,49 g/mol; M(NH_3) = 17,3 g/mol; M(HCl) = 36,47 g/mol; $pK_S(NH_4^+)$ = 9,25]

a)

$m(NH_3) = 0{,}25 * 1\ \text{g} = 0{,}25\ \text{g}$

1.1 $n(NH_3) = \frac{m}{M} = \frac{0{,}25\ \text{g}}{17{,}3\ \text{g/mol}} = 0{,}014\ \text{mol}$

6.1 $9{,}25 = 9{,}25 - \log\frac{c(NH_4Cl)}{c(NH_3)} \rightarrow \frac{c(NH_4Cl)}{c(NH_3)} = 1 = \frac{n(NH_4Cl)}{n(NH_3)}$

$n(NH_4Cl) = 0{,}014\ \text{mol}$

1.3 $m(NH_4Cl) = n * M = 0{,}014\ \text{mol} * 53{,}49\ \text{g/mol} = 0{,}75\ \text{g}$

2.3 $\omega(NH_4Cl) = \frac{0{,}75\ \text{g}}{2\ \text{g}} = 37{,}4\ \% = 37\ \%$

b)

$$8 = 9{,}25 - \log \frac{c(NH_4Cl)}{c(NH_3)}$$ 6.1

$$10^{1{,}25} = 17{,}78 = \frac{c(NH_4Cl) + x}{c(NH_3) - x}$$

$$17{,}78 = \frac{0{,}014\ \text{mol} + x}{0{,}014\ \text{mol} - x}$$

$$17{,}78 * 0{,}014\ \text{mol} - 17{,}78\ x = 0{,}014\ \text{mol} + x$$

$$0{,}248\ \text{mol} - 17{,}78\ x = 0{,}014\ \text{mol} + x$$

$$0{,}234\ \text{mol} = 18{,}78\ x$$

$$0{,}0125\ \text{mol} = x$$

$$m(HCl) = n * M = 0{,}0125\ \text{mol} * 36{,}47\ \text{g/mol} = 0{,}456\ \text{g}$$ 1.3

$$0{,}36 = \frac{0{,}456\ \text{g}}{x}$$

$$x = 1{,}27\ \text{g}$$

$$\rho = \frac{m}{V} = V = \frac{m}{\rho} = \frac{1{,}27\ \text{g}}{1{,}18\ \text{g/mL}} = 1{,}08\ \text{mL} = 1{,}1\ \text{mL}$$ 2.2

10.8 Sie stellen eine Natriumcyanid-Lösung her, indem Sie 2,5 g Natriumcyanid in 100 mL Wasser lösen. Berechnen Sie den pH-Wert der entstandenen Lösung!
Anschließend geben Sie 100 mL 0,20-molare Salzsäure hinzu. Berechnen Sie den pH-Wert der nun entstandenen Lösung (Volumenkontraktion nicht berücksichtigen).
[M(NaCN) = 49,01 g/mol; pK_S(HCN) = 9,40]

$$n(NaCN) = \frac{m(NaCN)}{M(NaCN)} = \frac{2{,}5\ \text{g}}{49{,}01\ \text{g/mol}} = 0{,}051\ \text{mol}$$

$$c(NaCN) = \frac{n(NaCN)}{V} = \frac{0{,}051\ \text{mol}}{0{,}1\ \text{L}} = 0{,}51\ \text{mol/L}$$ 1.2

$$pOH = 0{,}5 * \left(pK_B - \log c(CN^-)\right)$$ 5.15

$$pK_B = 14 - pK_s = 14 - 9{,}40 = 4{,}60$$ 5.6

$$pOH = 0{,}5 * (4{,}60 - \log 0{,}51\ \text{mol/L}) = 2{,}45$$ 5.15

$$pH = 14 - pOH = 11{,}55 = 12$$ 5.11

1.2 $n(HCl) = c(HCl) * V(HCl) = 0{,}2\ mol/L * 0{,}1\ L = 0{,}02\ mol$

$n(CN^-)_{neu} = n(CN^-) - n(HCl) = 0{,}051\ mol - 0{,}02\ mol = 0{,}031\ mol$

$n(HCN) = n(HCl) = 0{,}02\ mol$

1.2 $c(CN)_{neu} = \frac{n(CN)_{neu}}{V} = \frac{0{,}031\ mol}{0{,}2\ L} = 0{,}155\ mol/L$

1.2 $c(HCN) = \frac{n(HCN)}{V} = \frac{0{,}02\ mol}{0{,}2\ L} = 0{,}1\ mol/L$

6.1 $pH = pK_S - \log\frac{c(HCN)}{c(CN)_{neu}} = 9{,}40 - \log\frac{0{,}1\ mol/L}{0{,}155\ mol/L} = 9{,}59 = 9{,}6$

10.9 Sie haben 50 mL einer starken, einprotonigen Säure HX (65 %ige wässrige Lösung, ρ = 1,39 g/mL). Wie viel Gramm Natriumacetat müssen Sie zu dieser Lösung geben, um einen Puffer mit dem pH 3,8 zu erreichen? (Es kommt zu keiner Volumenzunahme.)
[M(HX) = 63,02 g/mol; M(NaOAc) = 82,03 g/mol; pK_B(NaOAc) = 9,25]

2.2 m(Lösung von HX) = ρ ∗ V = 1,39g/mL ∗ 50mL = 69,5 g

2.3 $m(HX) = \omega * m(\text{Lösung von HX}) = 0{,}65 * 69{,}5\ g = 45{,}175\ g$

1.1 $n(HX) = \frac{m}{M} = \frac{45{,}175\ g}{63{,}02\ g/mol} = 0{,}72\ mol$

6.1 $pH = pK_s - \log\frac{c(HOAc)}{c(OAc^-)}$

5.6 $pK_s = 14 - pK_B = 14 - 9{,}25 = 4{,}75$

Und es gilt HX + OAc^- $\rightleftharpoons$ HOAc + X^-

Damit ein Puffer entsteht, muss mehr OAc^- enthalten sein, sodass HX komplett abreagiert und HOAc neben OAc^- vorliegt

6.1 $3{,}8 = 4{,}75 - \log\frac{c(HOAc)}{c(OAc^-)}$

$10^{0{,}95} = \log\frac{c(HOAc)}{c(OAc^-)} = \frac{8{,}91}{1}$

im Puffer : $n(HOAc) = 8{,}91$; $n(OAc^-) = 1$

damit muss vorher $n(OAc^-) = 9{,}91$ gewesen sein

alle $n(HX)$ wird zu $n(HOAc) = 8{,}91$

$$\frac{0{,}72\ mol}{8{,}91} = \frac{x\ mol}{9{,}91} = 0{,}8\ mol$$

$$m(NaOAc) = n*M = 0{,}8\ mol*82{,}03\ g/mol = 65{,}62\ g = 66\ g$$ 1.3

10.10 Durch Lösen von Dinatriumhydrogenphosphat in Wasser stellen Sie 300 g einer 20,0 %igen Lösung her.

a) Wie viel mL Wasser benötigen Sie zur Herstellung?

b) Wie groß ist die Konzentration an Phosphationen in der entstandenen Lösung?

c) Wenn Sie nun 12 mL 10 M Natronlauge hinzugeben, welchen pH-Wert hat die Lösung dann? (Dichteänderung nicht berücksichtigen.)

[$M(Na_2HPO_4)$ = 141,96 g/mol; $\rho(Na_2HPO_{4\,20\%})$ = 1,12 g/mL; $pK_s(Na_2HPO_4)$ = 12,32]

$$HPO_4^{2-} + H_2O \rightleftharpoons PO_4^{3-} + H_3O^+$$

a) $$\omega = \frac{m_{rein}}{m_{Lös}};\ m_{rein} = m_{Lös} * \omega = 300\ g * 0{,}2 = 60\ g$$ 2.3

$$m_{H_2O} = 300\ g - 60\ g = 240\ g = 240\ mL$$

b) $$\rho = \frac{m}{V} \Leftrightarrow V = \frac{m}{\rho} = \frac{300\ g}{1{,}12\ g/mL} = 267{,}9\ mL$$ 2.2

$$c(Na_2HPO_4) = \frac{n}{V} = \frac{m}{M*V} = \frac{60\ g}{141{,}96\ g/mol*0{,}268\ L} = 1{,}58\ mol/L$$ 1.2

$$c(PO_4^{3-}) = c(H_3O^+)$$

$$c(H_3O^+) = \sqrt{K_s * c_0}$$ 5.12

$$= \sqrt{10^{-12{,}32}\ mol/L * 1{,}58\ mol/L} = \sqrt{7{,}56*10^{-13}\ (mol/L)^2}$$

$$= 8{,}69*10^{-7}\ mol/L = c(PO_4^{3-})$$

c) $$pH = pK_s - \log\frac{c(Säure)}{c(Base)}$$ 6.1

$$V_{neu} = 268\ mL + 12\ mL = 280\ mL$$

$$c(Na_2HPO_4)_{neu} = 1{,}58\ mol/L * \frac{0{,}268\ L}{0{,}28\ L} = 1{,}51\ mol/L$$ 1.2

$$c(PO_4^{3-})_{neu} = 8{,}7*10^{-7}\ mol/L * \frac{0{,}268\ L}{0{,}28\ L} = 8{,}33*10^{-7}\ mol/L$$ 1.2

$$c(NaOH)_{neu} = 10\ mol/L * \frac{0{,}012\ L}{0{,}28\ L} = 0{,}43\ mol/L$$ 1.2

$$pH = 12{,}32 - \log\frac{1{,}51\ mol/L - 0{,}43\ mol/L}{8{,}33*10^{-7}\ mol/L + 0{,}43\ mol/L}$$ 6.1

$$= 12{,}32 - \log\frac{1{,}08\ mol/L}{0{,}43\ mol/L} = 12{,}32 - 0{,}4 = 11{,}92 = 12$$

10.11 **Wie viel Gramm wasserfreies Natriumacetat (M(NaAc) = 82,04 g/mol) müssen zu 1,00 L einer 0,100 M Essigsäure zugesetzt werden, um eine Pufferlösung mit dem pH-Wert 5,00 zu erhalten?**

[$K_s(HOAc) = 1{,}76 * 10^{-5}$ mol/L (Die Volumenzunahme durch das Lösen des Acetats bleibt unberücksichtigt.)]

m(NaOAc) = 14,4 g

10.12 **In 250 mL Ammoniak-Lösung mit der Stoffmengenkonzentration 0,100 mol/L werden 5,00 g Ammoniumchlorid gelöst.**

a) Berechnen Sie den pH-Wert der Lösung (Volumenänderung durch den Lösungsprozess bleibt unberücksichtigt.)!

b) Wie ändert sich der pH-Wert der Lösung nach Zusatz von 50,0 mL 0,200-molarer NaOH?

c) Berechnen Sie den pH-Wert der Lösung nach Zugabe von 50,0 mL 0,100-molarer HCl (Zugabe zur Grundlösung)!

[M(NH_4Cl) = 53,5 g/mol; $K_B(NH_3) = 1{,}8 * 10^{-5}$ mol/L]

a) pH = 8,68

b) pH = 8,87

c) pH = 8,58

10.13 **Zu 50 mL 1,0 M Essigsäure geben Sie 10 mL Natronlauge unbekannter Konzentration. Die resultierende Lösung weist einen pH-Wert von 5,0 auf. Welche Konzentration hatte die Natronlauge?**

[pK_s(Essigsäure) = 4,75]

c(NaOH) = 3,2 mol/L

10.14 **Berechnen Sie den pH-Wert von 200 mL 4,50-molarer Ameisensäure-Lösung vor und nach Zugabe von 12,0 g festem Natriumhydroxid (die Volumenzunahme bleibt unberücksichtigt.)!**

[K_s(Ameisensäure) = $1{,}77 * 10^{-4}$ mol/L ; M(NaOH) = 40 g/mol]

vor Zugabe: pH = 1,56
nach Zugabe: pH = 3,47

11 Löslichkeitsprodukt und Löslichkeit

11.1 Löslichkeitsprodukt

In diesem Kapitel besprechen wir die Löslichkeit von mehr oder weniger schwerlöslichen Salzen in Wasser. Das bedeutet, wir haben es hier mit einem heterogenen wässrigen System zu tun. Ein Feststoff steht im Gleichgewicht mit gelösten Ionen. Betrachten wir im Folgenden den Auflöseprozess von festem Bariumsulfat (s = solidus) ($BaSO_4(s)$) in Wasser:

$$BaSO_4(s) \rightleftharpoons Ba^{2+} + SO_4^{2-}$$

Entsprechend dieser Gleichung löst sich festes Bariumsulfat zu freien Bariumionen und Sulfationen, welche hydratisiert in der Lösung vorliegen. Jedoch geht nur ein sehr geringer Teil des festen Bariumsulfats in Lösung. Es stellt sich ein Gleichgewicht zwischen dem festen Bodenkörper und den gelösten Ionen in der überstehenden Lösung ein. In diesem Gleichgewicht werden pro Zeiteinheit die gleiche Anzahl an Barium- und Sulfationen aus dem Kristallgitter herausgelöst, wie sich wiederum Ionenpaare als festes Bariumsulfat aus der Lösung abscheiden. Wir sprechen von einer gesättigten Lösung. In diesem dynamischen Gleichgewicht ist die Anzahl der gelösten Barium- und Sulfationen konstant.

Da es sich um ein dynamisches Gleichgewicht handelt, kann man auf die Dissoziation von Bariumsulfat das Massenwirkungsgesetz anwenden:

$$K_D = \frac{c\left(Ba^{2+}\right) * c\left(SO_4^{2-}\right)}{c\left(BaSO_4\right)}$$

Da die Stoffmengenkonzentration des Bariumsulfats im Bodenkörper als konstant angesehen werden kann, wird diese in die Konstante mit einbezogen und wir erhalten das Löslichkeitsprodukt K_L.

$$K_L = c\left(Ba^{2+}\right) * c\left(SO_4^{2-}\right) = 1{,}1 * 10^{-10}\,(mol/L)^2$$

Das Löslichkeitsprodukt ist eine substanzspezifische Konstante und als solche lediglich von der Temperatur abhängig. In der Regel nimmt das Löslichkeitsprodukt mit steigender Temperatur zu.

MERKE:

Das Löslichkeitsprodukt K_L eines schwerlöslichen Salzes ist das Produkt der Ionenkonzentrationen in einer gesättigten Lösung. Die Einheit ist abhängig von der Zusammensetzung des Salzes $(mol/L)^2$, $(mol/L)^3$, usw.

Das Löslichkeitsprodukt lässt sich auch auf das Ausfällen eines Niederschlages anwenden. Gibt man zu einer wässrigen Lösung einer Ionenart (z.B. Ba^{2+}) eine zweite hinzu (z.B. SO_4^{2-}), kommt es zur Niederschlagsbildung, sobald das Produkt der Ionenkonzentrationen das Löslichkeitsprodukt übersteigt. Die Fällung beginnt also, sobald das Ionenprodukt das Löslichkeitsprodukt erreicht, entsprechend der Fällungsgleichung:

$$Ba^{2+} + SO_4^{2-} \rightleftharpoons BaSO_4 \downarrow$$

Bisher haben wir nur das einfache (1:1) Salz $BaSO_4$ betrachtet. Für Salze mit komplexerer Summenformel gilt das Löslichkeitsprodukt jedoch in gleicher Weise. Für ein Salz mit der allgemeinen Summenformel X_mY_n wird das Löslichkeitsprodukt folgendermaßen formuliert:

7.1 $$K_L = c^m\left(X^{n+}\right) * c^n\left(Y^{m-}\right) \quad \text{Einheit}\left(mol/L\right)^{n+m}$$

Im Folgenden vier Beispiele für Salze unterschiedlicher Zusammensetzung:

Blei(II)-chromat ($PbCrO_4$): $K_L\left(PbCrO_4\right) = c\left(Pb^{2+}\right) * c\left(CrO_4^{2-}\right) = 3 * 10^{-13}\left(mol/L\right)^2$

Magnesiumhydroxid ($Mg(OH)_2$): $K_L\left(Mg(OH)_2\right) = c\left(Mg^{2+}\right) * c^2\left(OH^-\right) = 5{,}6 * 10^{-12}\left(mol/L\right)^3$

Lithiumphosphat (Li_3PO_4): $K_L\left(Li_3PO_4\right) = c^3\left(Li^+\right) * c\left(PO_4^{3-}\right) = 2{,}4 * 10^{-4}\left(mol/L\right)^4$

Cadmiumarsenat ($Cd_3(AsO_4)_2$): $K_L\left(Cd_3\left(AsO_4\right)_2\right) = c^3\left(Cd^{2+}\right) * c^2\left(AsO_4^{3-}\right) = 2{,}2 * 10^{-33}\left(mol/L\right)^5$

Das Löslichkeitsprodukt, als substanzspezifische Konstante, gibt Auskunft über die Löslichkeit eines Salzes in Wasser. Grundsätzlich gilt: Je kleiner das Löslichkeitsprodukt eines Salzes, umso schwerer ist es löslich. Ein direkter Vergleich der Zahlenwerte der Löslichkeitsprodukte verschiedener Salze ist jedoch nur zulässig, wenn die Salze im gleichen Verhältnis zusammengesetzt sind bzw. die Einheit der Löslichkeitsprodukte identisch ist.

MERKE:

Das Löslichkeitsprodukt K_L ist eine substanzspezifische Konstante und nur von der Temperatur abhängig. Mit Hilfe des Löslichkeitsproduktes kann man Aussagen über die Löslichkeit einer Verbindung treffen. Ein direkter Vergleich der Zahlenwerte der Löslichkeitsprodukte ist nur bei Salzen mit gleichem Zusammensetzungsverhältnis zulässig:

$$K_L\left(BaSO_4\right) = 1{,}1 * 10^{-10}\left(mol/L\right)^2 < K_L\left(CaSO_4\right) = 4{,}9 * 10^{-5}\left(mol/L\right)^2$$

=> Bariumsulfat ist in Wasser schwerer löslich als Calciumsulfat.

Analog zum pH-Wert gilt: $pK_L = -\log K_L$

11.2 Löslichkeit und Fällungsreaktionen

Die Löslichkeit eines Stoffes gibt an, in welchem Umfang sich ein Stoff in einem bestimmten Lösungsmittel homogen mit dem Lösungsmittel mischt. Als Einheit können die Einheiten benutzt werden, die im Allgemeinen für die Konzentrationsangabe von Lösungen benutzt werden (z.B.: g/L Lösung (Massenkonzentration), g/g Lösung (Massenanteil, »Massenprozent« bei Bezug auf 100 g), L/L Lösung (Volumenkonzentration, Vol.-% bei Bezug auf 100 L), mol/L Lösung (Stoffmengenkonzentration)). Im Folgenden soll nur die molare Löslichkeit *L* (Synonym: Sättigungskonzentration c_m) mit der Einheit mol/L behandelt werden. Die molare Löslichkeit *L* eines Salzes steht in engem Zusammenhang mit seinem Löslichkeitsprodukt K_L. So lässt sich die molare Löslichkeit aus dem Löslichkeitsprodukt berechnen. Um diesen Zusammenhang leichter verstehen zu können, betrachten wir wiederum den Auflöseprozess von Bariumsulfat:

$$BaSO_4(S) \rightleftharpoons Ba^{2+} + SO_4^{\ 2-}$$

Aus der Reaktionsgleichung kann man ablesen, dass pro gelöstem Molekül Bariumsulfat jeweils ein freies (solvatiertes) Barium- und ein freies Sulfation in der Lösung vorliegen. Das heißt, die (fiktive) Konzentration an gelöstem Bariumsulfat entspricht der Konzentration der gelösten Bariumionen bzw. Sulfationen:

$$c\left(BaSO_{4gelöst}\right) = c\left(Ba^{2+}\right) = c\left(SO_4^{2-}\right) = L \quad \text{Einheit mol/L}$$

Die molare Löslichkeit L beschreibt den Anteil des Salzes, der maximal in Lösung vorliegen kann. Ersetzt man im Löslichkeitsprodukt nun die Konzentrationen von Barium und Sulfat durch die Löslichkeit so erhält man:

$$K_L = c\left(Ba^{2+}\right) * c\left(SO_4^{2-}\right) = L * L = L^2$$

$$L^2 = K_L => L = \sqrt{K_L}$$

Betrachtet man komplexer aufgebaute Salze, wie das 3:1-Salz Lithiumphosphat, so kann die Löslichkeit folgendermaßen berechnet werden:

$$Li_3PO_4 \rightleftharpoons 3Li^+ + PO_4^{\ 3-}$$

Aus einem Molekül Lithiumphosphat resultieren beim Lösen drei Lithiumionen und ein Phosphation. Dementsprechend gilt:

$$c\left(Li^+\right) = 3 * c\left(Li_3PO_{4gelöst}\right) = 3\,L$$

$$c\left(PO_4^{3-}\right) = c\left(Li_3PO_{4gelöst}\right) = 1\,L$$

Eingesetzt in das Löslichkeitsprodukt von Lithiumphosphat erhält man

$$K_L\left(Li_3PO_4\right) = c^3\left(Li^+\right) * c\left(PO_4^{3-}\right) = (3\,L)^3 * L = 27\,L^4$$

$$L = \sqrt[3+1]{\frac{K_L}{3^3}}\ \text{mol/L}$$

$$L = \sqrt[4]{\frac{K_L}{27}}\ \text{mol/L}$$

$$L = \sqrt[4]{\frac{2{,}4 * 10^{-4}}{27}} = 0{,}05\ \text{mol/L}$$

Das Ergebnis bedeutet, dass in Lösung 0,05 mol/L Phosphationen und 0,15 mol/L Lithiumionen gelöst vorliegen.

Zusammenfassend lautet die Formel für die Löslichkeit für Salze mit der allgemeinen Summenformel X_mY_n:

$$L = \sqrt[m+n]{\frac{K_L}{m^m * n^n}}\ \text{mol/L}$$

7.2

MERKE:
Aus dem Löslichkeitsprodukt kann die Löslichkeit *L* eines Salzes berechnet werden. Die Einheit der Löslichkeit ist unabhängig von der allgemeinen Formel des Salzes immer mol/L! Die Löslichkeit gibt die Stoffmenge des Salzes an, die in einem Liter gesättigter Lösung gelöst vorliegt. Deshalb wird oftmals auch der Begriff der molaren Löslichkeit verwendet.

11.3 Übungsaufgaben Löslichkeitsprodukt und Fällungsreaktionen

11.3.1 Aus der Lösung eines Bleisalzes mit der Stoffmengenkonzentration $c(Pb^{2+}) = 0{,}1$ mol/L soll das Blei mit Kaliumchromat als $PbCrO_4$ gefällt werden. Welche Chromationen-Konzentration ist erforderlich, damit die Fällung beginnt? Wie hoch ist die in Lösung verbliebene Bleiionen-Konzentration?
$[K_L(PbCrO_4) = 3{,}0 * 10^{-13} (mol/L)^2]$

Aus $K_L = c(Pb^{2+}) * c(CrO_4^{2-}) = 3{,}0 * 10^{-13} (mol/L)^2$ erhält man die Chromationen-Konzentration, die zur Fällung notwendig ist:

7.1
$$c(CrO_4^{2-}) = \frac{K_L}{c(Pb^{2+})} = \frac{3{,}0 * 10^{-13} (mol/L)^2}{0{,}1\ mol/L} = 3{,}0 * 10^{-12}\ mol/L$$

Nach der Fällung liegt eine gesättigte Lösung vor, das heißt, die in Lösung befindlichen Blei- und Chromationen liegen im Verhältnis 1:1 in der Lösung vor:

$$c(Pb^{2+}) = c(CrO_4^{2-})$$

Einsetzen in das Löslichkeitsprodukt ergibt:

$$K_L = c(Pb^{2+}) * c(CrO_4^{2-}) = c^2(Pb^{2+}) = 3{,}0 * 10^{-13} (mol/L)^2$$

Durch Ziehen der Quadratwurzel erhält man die Bleiionen-Konzentration in der Lösung:

$$c(Pb^{2+}) = \sqrt{3{,}0 * 10^{-13} (mol/L)^2} = 5{,}5 * 10^{-7}\ mol/L$$

11.3.2 Berechnen Sie das Löslichkeitsprodukt von Calciumfluorid (CaF_2), wenn sich 16,0 mg der Substanz in einem Liter Wasser lösen.
$[M(CaF_2) = 78{,}0$ g/mol$]$

In einem Liter lösen sich 16,0 mg nach der Gleichung

$$CaF_2(s) \rightleftharpoons Ca^{2+} + 2F^-$$

Daraus kann mit Hilfe der molaren Masse von Calciumfluorid die Stoffmengenkonzentration an Calciumionen in der Lösung errechnet werden:

2.1
$$c(Ca^{2+}) = \frac{0{,}0160\ g/L}{78{,}0\ g/mol} = 2{,}05 * 10^{-4}\ mol/L$$

Entsprechend der Auflösungsgleichung gilt:

$$c(F^-) = 2 * c(Ca^{2+}) = 2 * 2{,}05 * 10^{-4}\ mol/L = 4{,}10 * 10^{-4}\ mol/L$$

Damit kann das Löslichkeitsprodukt errechnet werden:

$$K_L = c(Ca^{2+}) * c^2(F^-) = 2{,}05 * 10^{-4}\ mol/L * (4{,}10 * 10^{-4}\ mol/L)^2$$ 7.1

$$= 3{,}45 * 10^{-11}(mol/L)^3$$

11.3.3 In 330 mL gesättigter Lithiumphosphat-Lösung sind 2,08 g Lithiumphosphat gelöst. Wie groß ist das Löslichkeitsprodukt dieser Verbindung?
[M(Li_3PO_4) = 115,7 g/mol]

$$K_L(Li_3PO_4) = 2{,}37 * 10^{-4}(mol/L)^4$$

11.3.4 In einem Becherglas werden 2,00 g Blei(II)-iodid in 1,00 L Wasser suspendiert. Wie hoch ist die Konzentration an gelösten Blei- und Iodidionen? Wie viel Blei(II)-iodid liegt als Bodenkörper vor?
[$K_L(PbI_2) = 9{,}80 * 10^{-9}\ (mol/L)^3$; $M(PbI_2) = 461{,}01\ g/mol$]

$$c(Pb^{2+}) = 1{,}35 * 10^{-3}\ mol/L$$

$$c(I^-) = 2{,}70 * 10^{-3}\ mol/L$$

$$m(PbI_2)_{gelöst} = 622\ mg$$

$$m(PbI_2)_{Bodenkörper} = 1378\ mg$$

11.3.5 Sie geben zunächst 4,0 g Bariumfluorid in 25 cm³ destilliertes Wasser. Vom Überstand entnehmen Sie 2,0 mL und geben diese in 30 mL einer 700 µM Natriumsulfat-Lösung.
Ermitteln Sie durch Rechnung, ob es zur Bildung eines Bariumsulfat-Niederschlages kommt!
Nehmen Sie hierbei jeweils eine Dichte von 1,0 g/cm³ an!
[$pK_L(BaF_2) = 4{,}6$; $pK_L(BaSO_4) = 10$; $M(BaF_2) = 175{,}3\ g/mol$]

Betrachten wir zunächst Gefäß 1, wo wir zu 25 mL Wasser 4 g BaF_2 geben:

$$BaF_2 \rightleftharpoons Ba^{2+} + 2\ F^-$$

$$K_L(BaF_2) = c(Ba^{2+}) * c^2(F^-) \qquad K_L(BaF_2) = 10^{-4{,}6}\ (mol/L)^3 = 2{,}5 * 10^{-5}\ (mol/L)^3$$

Berechnung der Stoffmenge an Bariumfluorid

$$n(BaF_2) = \frac{m(BaF_2)}{M(BaF_2)} = \frac{4\ g}{175{,}3\ g/mol} = 2{,}3 * 10^{-2}\ mol$$ 1.1

und der »theoretischen« Konzentration an Bariumfluorid für den Fall, dass das Bariumfluorid vollständig gelöst vorliegt:

$$c_{theor.}(BaF_2) = \frac{n(BaF_2)}{V(H_2O)} = \frac{2{,}3 * 10^{-2}\ mol}{0{,}025\ L} = 9{,}1 * 10^{-1}\ mol/L$$ 1.2

Nun vergleichen wir diese »theoretische« Konzentration mit der molaren Löslichkeit

7.2

$$L(BaF_2) = \sqrt[1+2]{\frac{K_L(BaF_2)}{4}} = \sqrt[3]{\frac{2{,}5*10^{-5}(mol/L)^3}{4}} = 1{,}8*10^{-2}\,mol/L$$

und stellen fest, dass es sich um eine übersättigte Lösung handelt: Die theoretische Bariumfluorid-Konzentration übersteigt $L(BaF_2)$. Dies ließe sich auch über die Berechnung des Ionenprodukts und den Vergleich mit dem Löslichkeitsprodukt erklären.

Dies bedeutet nun aber, dass sich die tatsächliche Bariumfluorid-Konzentration aus L ergibt:

$$c_{tats.}(BaF_2) = L(BaF_2)$$

Wir entnehmen nun 2 mL der Lösung 1 mit bekannter Bariumfluorid-Konzentration $L(BaF_2)$ und geben sie in 30 mL der Lösung 2 (= 700 µM Natriumsulfat-Lösung). Achtung: Verdünnungsschritt!
Neues Volumen berechnen:

$$V_{ges} = 2\text{ mL} + 30\text{ mL} = 32\text{ mL}$$

Nun berechnen wir die Barium-Konzentration in Lösung 2:

1.2

$$c_{ges}(BaF_2) = \frac{n(BaF_2)}{V_{ges}} = \frac{L(BaF_2)*V(BaF_2)_{neu}}{V_{ges}} = \frac{1{,}8*10^{-2}\,mol/L*2*10^{-3}L}{32*10^{-3}L}$$

$$= 1{,}1*10^{-3}\,mol/L = c_{ges}(Ba^{2+})$$

Nun kennen wir die Barium-Konzentration in Lösung 2. Auf gleiche Weise errechnen wir nun die Sulfat-Konzentration (Verdünnung!):

$$Na_2SO_4 \rightleftharpoons 2\,Na^+ + SO_4^{2-} \rightarrow c(Na_2SO_4) = c\,(SO_4^{2-})$$

$$c_{ges}(Na_2SO_4) = \frac{n(Na_2SO_4)}{V_{ges}} = \frac{c(Na_2SO_4)*V(Na_2SO_4)}{V_{ges}} = \frac{700*10^{-6}\,mol/L*30*10^{-3}\,L}{32*10^{-3}\,L}$$

$$= 6{,}6*10^{-4}\,mol/L = c_{ges}(SO_4^{2-})$$

Nun kennen wir die Barium- und Sulfat-Konzentrationen in der Lösung und können das Ionenprodukt $I_p(BaSO_4)$ aufstellen und mit dem gegebenen Löslichkeitsprodukt $K_L(BaSO_4)$ vergleichen:

$$BaSO_4 \rightleftharpoons Ba^{2+} + SO_4^{2-}$$

$$K_L(BaSO_4) = c(Ba^{2+})*c(SO_4^{2-}) = 10^{-10}\,(mol/L)^2$$

$$I_P(BaSO_4) = c_{ges}(Ba^{2+})*c_{ges}(SO_4^{2-})$$

$$= 1{,}1*10^{-3}\,mol/L*6{,}6*10^{-4}\,mol/L = 7{,}3*10^{-7}(mol/L)^2$$

$$I_P(BaSO_4) > K_L(BaSO_4) \rightarrow \text{Niederschlag!}$$

11.3.6 a) Sie mischen 33 mL einer 0,3 µM Natriumchlorid-Lösung mit 25 mL einer Blei(II)-nitrat-Lösung der Konzentration 1,0 g/L. Kommt es zur Bildung eines Niederschlags? Nehmen Sie hierbei jeweils eine Dichte von 1,0 g/cm³ an!
b) Geben Sie die Stoffmengenkonzentration an Chloridionen in einer gesättigten Lösung von Blei(II)-chlorid an!
[$pK_L(PbCl_2) = 7{,}1$; $M(Pb(NO_3)_2) = 331{,}2$ g/mol]

Im ersten Schritt gilt es, die jeweiligen Konzentrationen der einzelnen Salze bzw. der für die Fällung interessanten Ionen (Chlorid und Blei) zu berechnen. Achtung, durch das Vereinigen von zwei Lösungen erhalten wir ein neues Volumen!

a) $V_{ges} = 33\text{ mL} + 25\text{ mL} = 58\text{ mL} = 0{,}058\text{ L}$

Berechnung der neuen Natriumchlorid-Konzentration:

$$c(NaCl) = 0{,}3 * 10^{-6}\text{ mol/L}$$

$$n(NaCl) = c(NaCl) * V(NaCl) = 0{,}3 * \frac{10^{-6}\text{ mol}}{\text{L}} * 0{,}033\text{ L} = 1 * 10^{-8}\text{ mol}$$ 1.2

$$c_{neu}(NaCl) = \frac{n(NaCl)}{V_{ges}} = \frac{1 * 10^{-8}\text{ mol}}{0{,}058\text{ L}} = 1{,}7 * 10^{-7}\text{ mol/L} = c_{neu}(Cl^-)$$ 1.2

Berechnung der neuen Bleinitrat-Konzentration:

$$m(Pb(NO_3)_2) = \beta(Pb(NO_3)_2) * V(Pb(NO_3)_2)$$ 1.3, 2.1

$$= 1\,\frac{\text{g}}{\text{L}} * 0{,}025\text{ L}$$

$$= 0{,}025\text{ g}$$

$$n(Pb(NO_3)_2) = \frac{m(Pb(NO_3)_2)}{M(Pb(NO_3)_2)} = \frac{0{,}025\text{ g}}{331{,}2\text{ g/mol}} = 7{,}5 * 10^{-5}\text{ mol}$$ 1.3

$$c_{neu}(Pb(NO_3)_2) = \frac{n(Pb(NO_3)_2)}{V_{ges}} = \frac{7{,}5 * 10^{-5}\text{ mol}}{0{,}058\text{ L}} = 1{,}3 * 10^{-3}\text{ mol/L} = c_{neu}(Pb^{2+})$$ 1.2

Aus dem pK_L kann einfach K_L berechnet werden:

$$K_L = 10^{-pK_L}$$

$$K_L(PbCl_2) = 10^{-7{,}1} = 7{,}9 * 10^{-8}\,(\text{mol/L})^3$$

Nun folgt noch die Berechnung des Ionenprodukts mit den neuen Konzentrationen und anschließend der Vergleich mit dem Löslichkeitsprodukt:

$$I_P(PbCl_2) = c_{neu}(Pb^{2+}) * c^2_{neu}(Cl^-) = 1{,}3 * 10^{-3}\text{ mol/L} * (1{,}7 * 10^{-7}\text{ mol/L})^2$$

$$= 3{,}8 * 10^{-17}\,(\text{mol/L})^3 < K_L(PbCl_2) \rightarrow \text{keine Niederschlagsbildung!}$$

b) Berechnen der Löslichkeit mit Hilfe der Formel für die molare Löslichkeit:

7.2

$$L(PbCl_2) = \sqrt[1+2]{\frac{K_L(PbCl_2)}{1^1 * 2^2}} = \sqrt[3]{\frac{7{,}9*10^{-8}(mol/L)^3}{4}} = 2{,}7*10^{-3}\ mol/L$$

$$\frac{c(PbCl_2)}{c(Cl^-)} = \frac{1}{2} \quad \rightarrow c(Cl^-) = 2*c(PbCl_2) = 5{,}4*10^{-3}\ mol/L$$

11.3.7 3 g Silber(I)-fluorid werden in 55 mL destilliertem Wasser gelöst. Hierzu werden 45 mL einer Calciumnitrat-Lösung gegeben, die vor der Zugabe eine Konzentration von 1,5 mol/L besitzt. Kommt es zum Ausfallen von Calciumfluorid in der so hergestellten Mischung beider Lösungen? (Volumenkontraktion wird hierbei vernachlässigt)
[$K_L(CaF_2) = 3{,}2*10^{-11}(mol/L)^3$; M(AgF) = 126,9 g/mol]

$I_P(CaF_2) = 3{,}9*10^{-2}(mol/L)^3 > K_L(CaF_2) \rightarrow$ Niederschlagsbildung!

11.3.8 In Ihrem Becherglas liegen 80 mL einer Ammoniumoxalat-Lösung der Konzentration 20 mg/L vor. Wie viel Milligramm zu 15 % verunreinigtes Calciumchlorid müssen Sie mindestens hinzugeben, damit Calciumoxalat auszufallen beginnt?
[$pK_L(CaC_2O_4) = 8{,}1$; $M((NH_4)_2C_2O_4) = 124$ g/mol; $M(CaCl_2) = 111$ g/mol]

$c(Ca^{2+}) = 4{,}9*10^{-5}\ mol/L$

$m(CaCl_2)_{rein} = 0{,}43\ mg$

$m(CaCl_2)_{15\%\ verunreinigt} = 0{,}51\ mg$

11.3.9 a) Berechnen Sie die Stoffmengenkonzentration an Silberionen in einer gesättigten Silbersulfid-Lösung!
b) Wie viel Mikrogramm Silbersulfid lösen sich in 2,0 m³ Wasser?
[$K_L(Ag_2S) = 1{,}0*10^{-49}\ (mol/L)^3$; $M(Ag_2S) = 247{,}8$ g/mol]

$c(Ag^+) = 5{,}8*10^{-17}\ mol/L$

$m(Ag_2S) = 1{,}4*10^{-11}\ g = 1{,}4*10^{-5}\ \mu g$

11.3.10 a) Sie mischen 52 mL einer Silber(I)-fluorid-Lösung der Konzentration 600 µg/mL mit 32 mL einer Calciumnitrat-Lösung der Konzentration 150 µmol/mL. Kommt es zur Bildung eines Niederschlags? Nehmen Sie hierbei jeweils eine Dichte von 1,0 g/cm³ an!
b) Geben Sie die Massenkonzentration an Fluoridionen in mg/L in der entstehenden Mischung an!
[$pK_L(CaF_2) = 10{,}5$; M(AgF) = 126,9 g/mol; $M(F^-) = 19$ g/mol]

a) $I_P(CaF_2) = 4{,}8*10^{-7}(mol/L)^3 > K_L(CaF_2) \rightarrow$ Niederschlagsbildung!

b) $\beta(F^-) = 7{,}6\ mg/L$

11.3.11 Sie waschen 50 mg Calciumfluorid mit 150 mL destilliertem Wasser. Ins Waschwasser geben Sie anschließend 125 mL 30 mM Natronlauge. Kommt es zur Bildung eines Niederschlags? Die jeweiligen Dichten betragen 1,0 g/cm³.
[$pK_L(CaF_2)$ = 10,5; $pK_L(Ca(OH)_2)$ = 5,4; $M(CaF_2)$ = 78,08 g/mol]

$I_P(Ca(OH)_2) = 2*10^{-8}\,(mol/L)^3 < K_L\,(Ca(OH)_2) \rightarrow$ kein Niederschlag!

11.3.12 23 mL einer Silbernitrat-Lösung der Konzentration 50 µg/L werden zu 37 mL einer Silberfluorid-Lösung der Konzentration 10 nmol/mL gegeben. Zu dieser Mischung wird anschließend 30 mg Kaliumphosphat hinzugegeben. Das zugegebene Kaliumphosphat löst sich hierbei vollständig. (Die Volumenzunahme durch die Kaliumphosphat-Zugabe bleibt unberücksichtigt.)
Kommt es zur Fällung von Silberphosphat? (pH-Wert im neutralen Bereich)
[$pK_L(Ag_3PO_4)$ = 17,7; $M(K_3PO_4)$ = 212,3 g/mol; $M(AgNO_3)$ = 169,9 g/mol]

$$I_P = (c_{neu}(Ag^+))^3 * c(PO_4^{3-})$$
$$= (6{,}28 * 10^{-6}\,mol/L)^3 * 2{,}3 * 10^{-3}\,mol/L$$
$$= 5{,}7 * 10^{-19}\,(mol/L)^4 < K_L(Ag_3PO_4)$$

$\rightarrow$ Es kommt nicht zur Fällung von Silberphosphat!

11.3.13 a) Sie lösen 34 mg Ammoniumchromat vollständig in 53 mL einer 2,5 mM Kaliumchromat-Lösung. Hierzu geben Sie 2,0 cm³ einer Silbernitrat-Lösung der Konzentration 3,8 mg/cm³. Kommt es zur Bildung eines Niederschlags? Nehmen Sie hierbei jeweils eine Dichte von 1,0 g/cm³ an!
b) Geben Sie die Massenkonzentration an Silberionen in mg/L in der entstandenen Mischung an!
[$M((NH_4)_2CrO_4)$ = 152,1 g/mol, $M(AgNO_3)$ = 169,9 g/mol; $pK_L(Ag_2CrO_4)$ = 11,4; $M(Ag)$ = 107,9 g/mol]

$I_P(Ag_2CrO_4) = 4{,}3*10^{-9}\,(mol/L)^3 > K_L\,(Ag_2CrO_4)$

$\rightarrow$ Niederschlagsbildung! $\rightarrow$ bis gesättigte Lösung!

$\beta = 2{,}2*10^{-2}\,g/L = 22\,mg/L$

11.3.14 a) Sie geben zu 0,5 dm³ Calciumchlorid-Lösung der Konzentration 10 pmol/µL 20 cm³ einer Lösung, die 0,1 mg/µL Kaliumoxalat enthält. Fällt ein Niederschlag aus? (Volumenkontraktion bleibt unberücksichtigt, pH-Wert im neutralen Bereich)
b) Geben Sie die Stoffmengenkonzentration an Calciumionen an, wenn Sie die Mischung mit destilliertem Wasser auf 3,0 Liter ergänzen!
[$pK_L(CaC_2O_4)$ = 10,96; $M(K_2C_2O_4)$ = 184,2 g/mol]

$I_P(CaC_2O_4) = 9{,}6*10^{-6}\,mol/L * 2{,}1*10^{-2}\,mol/L = 2{,}0*10^{-7}\,(mol/L)^2 > K_L\,(CaC_2O_4) = NS!$

$IP_{3L}\,(CaC_2O_4) = c_{3L}\,(Ca^{2+}) * c_{3L}\,(C_2O_4^{2-})$

$= 6*10^{-9}\,(mol/L)^2 > K_L\,(CaC_2O_4)$

Der Niederschlag löst sich nicht komplett!

$\rightarrow$ ges. CaC_2O_4 – Lösung liegt vor $\rightarrow$ $c_{tatsächl.}\,(Ca^{2+})$ daher über $c_m\,(CaC_2O_4)$ zu bestimmen!

$L(CaC_2O_4) = \sqrt{K_L\,(CaC_2O_4)} = 3{,}3*10^{-6}\,mol/L = c_{tatsächl.}\,(Ca^{2+})$

11.3.15 Nach Zugabe von genau 2,50 mL 1,00 mM Oxalsäure-Lösung zu 100 mL Blei(II)-acetat-Lösung beginnt Blei(II)-oxalat auszufallen (die Volumenkontraktion wird vernachlässigt). Wie viel Mikrogramm Blei(II)-acetat enthielt die Lösung?
[$M(PbC_2O_4) = 295{,}2$ g/mol; $M(Pb(OAc)_2) = 325{,}2$ g/mol; $K_L(PbC_2O_4) = 2{,}74 * 10^{-11}$ $(mol/L)^2$]

Der Angabe kann man entnehmen, dass bei Zugabe von 2,5 mL der 1 mM Oxalat-Lösung zu 100 mL Bleiacetat-Lösung das Ionenprodukt genau dem Löslichkeitsprodukt von Bleiacetat entspricht (Blei(II)-oxalat beginnt auszufallen). Wir können die Stoffmenge an Oxalationen in den 2,5 mL Lösung berechnen:

1.2 $n(C_2O_4H_2) = 0{,}0025\ L * 0{,}001\ mol/L = 2{,}5 * 10^{-6}\ mol$

Diese 2,5 mL werden nun zu 100 mL Blei(II)acetat-Lösung gegeben; neues Volumen daher 102,5 mL. Die neue Stoffmengenkonzentration beträgt daher

$$c(C_2H_2O_4) = 2{,}5 * 10^{-6}\ mol/0{,}1025\ L$$

$$c(C_2H_2O_4) = 2{,}44 * 10^{-5}\ mol/L$$

Diese Konzentration setzen wir in K_L ein und errechnen die Bleiionen-Konzentration in der Lösung und danach die Stoffmenge Blei(II)-acetat in der ursprünglichen Lösung:

$$K_L(PbC_2O_4) = c(Pb^{2+}) * c(C_2O_4^{2-}) \rightarrow c(Pb^{2+}) = \frac{K_L(PbC_2O_4)}{c(C_2O_4^{2-})} = 1{,}12 * 10^{-6}\ mol/L$$

$$n(Pb(OAc)_2) = c * V = 1{,}12 * 10^{-6}\ mol/L * 0{,}1025\ L = 1{,}15 * 10^{-7}\ mol$$

Der letzte Schritt ist die Berechnung der Masse aus der Stoffmenge und der molaren Masse:

$$m(Pb(OAc)_2) = 37{,}4\ \mu g$$

11.3.16 Sie mischen 250 mL 20 mM Salzsäure mit 80 mL Bleiacetat-Lösung unbekannter Konzentration. Dabei fallen 250 mg Bleichlorid aus. Welche Stoffmengenkonzentration hatte die Bleiacetat-Lösung?
[$M(Pb(OAc)_2] = 325{,}3$ g/mol; $M(PbCl_2) = 278{,}1$ g/mol; $pK_L(PbCl_2) = 4{,}77$]

$n(PbCl_2)_{ND} = 899\ \mu mol = n(Pb^{2+})_{ND}$

$c(Cl^-)_{neu} = 9{,}7\ mmol/L$

$c(Pb^{2+})_{gelöst} = 0{,}21\ mol/L$

$\rightarrow n(Pb^{2+})_{gesamt} = 0{,}070\ mol + 0{,}000899\ mol = 0{,}071\ mol$

$\rightarrow c(Pb^{2+})_{gesamt} = 0{,}89\ mol/L$

11.3.17 Ihnen liegt eine Blei(II)-nitrat-Lösung mit der Massenkonzentration 0,10 g/L vor. 50 mL dieser Lösung werden je mit 50 mL einer wässrigen Lösung von a) Natriumiodid und b) Na_2SO_4 gemischt. Es entsteht in beiden Fällen ein Niederschlag.
Geben Sie die Konzentrationen der jeweiligen Anionen in den beiden Ausgangslösungen an, die mindestens vorliegen müssen.
[$M(Pb(NO_3)_2] = 331$ g/mol, $K_L(PbI_2) = 1{,}4 * 10^{-9}$ $(mol/L)^3$, $K_L(PbSO_4) = 1{,}06 * 10^{-8}$ $(mol/L)^2$]

$c(SO_4^{2-}) = 7{,}02 * 10^{-5}\ mol/L$

$c(I^-) = 6{,}1 * 10^{-3}\ mol/L$

11.3.18 90 mL einer 15 µM Soda-Lösung werden mit 10 mL einer Kaliumsulfat-Lösung der Konzentration 50 mmol/L gemischt (Dichten jeweils 1,0 g/cm³). Dieses Gemisch wird anschließend tropfenweise mit Calciumchlorid versetzt.
a) Bei welchem Konzentrationsverhältnis (Sulfat : Carbonat) beginnt die Fällung von Calciumsulfat?
b) Wie viel Milligramm Calciumcarbonat sind bis dahin schon ausgefallen? (Aufgrund der Löslichkeit wieder in Lösung gehendes Calciumcarbonat und Volumenzunahme werden vernachlässigt.)
$[K_L(CaSO_4) = 2{,}4*10^{-5}(mol/L)^2$; $K_L(CaCO_3) = 4{,}7*10^{-9}(mol/L)^2$;
$M(CaCO_3) = 100{,}09\,g/mol]$

Grundlegende Erkenntnisse aus der Angabe: Die K_L-Werte lassen uns sofort erkennen, dass Calciumcarbonat schwerer löslich ist als Calciumsulfat. Das heißt, bei Zugabe von Calciumchlorid-Lösung wird zuerst Calciumcarbonat und erst bei höherer Calcium-Konzentration Calciumsulfat ausfallen.

a) Aufstellen der beiden Löslichkeitsprodukte:

$$CaCO_3 \rightleftharpoons Ca^{2+} + CO_3^{2-} \qquad CaSO_4 \rightleftharpoons Ca^{2+} + SO_4^{2-}$$

$$K_L(CaCO_3) = c(Ca^{2+}) * c(CO_3^{2-}) \qquad K_L(CaSO_4) = c(Ca^{2+}) * c(SO_4^{2-})$$

Es fällt auf, dass in beiden Gleichungen die Konzentration an Calciumionen enthalten ist. Das heißt, an dem Punkt, an dem die Fällung von Calciumsulfat beginnt, muss $c(Ca^{2+})$ für beide Reaktionen gleich sein! Demnach formen wir beide Gleichungen nach $c(Ca^{2+})$ um und setzen sie gleich:

$$c(Ca^{2+}) = \frac{K_L(CaCO_3)}{c(CO_3^{2-})} \qquad c(Ca^{2+}) = \frac{K_L(CaSO_4)}{c(SO_4^{2-})}$$ 7.1

$$\frac{K_L(CaCO_3)}{c(CO_3^{2-})} = \frac{K_L(CaSO_4)}{c(SO_4^{2-})}$$

Um das Verhältnis der Konzentrationen an Sulfationen und Carbonationen zu erhalten, stellen wir die Gleichung entsprechend um und erhalten das Verhältnis:

$$\frac{c(SO_4^{2-})}{c(CO_3^{2-})} = \frac{K_L(CaSO_4)}{K_L(CaCO_3)} = \frac{2{,}4*10^{-5}(mol/L)^2}{4{,}7*10^{-9}(mol/L)^2} = \frac{5{,}1*10^3}{1}$$

Das Ergebnis bedeutet, dass die Fällung von Calciumsulfat erst beginnt, wenn die Carbonationen-Konzentration soweit gesunken ist, dass ein ca. 5100-facher Überschuss an Sulfationen in der Lösung vorliegt!

b) Aufgabenteil b beruht auf der Lösung aus a). Demnach ist die in Lösung befindliche Carbonationen-Konzentration zu Beginn der Calciumsulfat-Fällung 1/5106,4 der Sulfationen-Konzentration. Diese wiederum lässt sich aus der Angabe berechnen. (Achtung! Verdünnung nicht vergessen! Das neue Volumen beträgt 10 mL + 90 mL = 100 mL.)

$$n(K_2SO_4) = c(K_2SO_4) * V(K_2SO_4)$$ 1.2

$$=5*10^{-2}\ mol/L*0{,}01\ L$$

$$=5*10^{-4}\ mol$$

$$c_{neu}(K_2SO_4)=\frac{n(K_2SO_4)}{V_{ges}}$$

$$=\frac{5*10^{-4}\ mol}{0{,}1\ L}$$

$$=5*10^{-3}\ mol/L=c(SO_4^{2-})$$

Um die Carbonationen-Konzentration zu Beginn der Calciumsulfat-Fällung zu erhalten, muss die neue Sulfationen-Konzentration nur noch durch den Faktor 5,1 $*$ 10^3 geteilt werden:

$$\frac{c(SO_4^{2-})}{c(CO_3^{2-})}=5{,}1*10^3$$

$$\frac{c(SO_4^{2-})}{5{,}1*10^3}=c(CO_3^{2-})\ \rightarrow\ c(CO_3^{2-})=\frac{5*10^{-3}\ mol/L}{5{,}1*10^3}=9{,}8*10^{-7}\ mol/L$$

Die Stoffmenge noch in Lösung befindlichen Natriumcarbonats kann nun berechnet werden:

$$n(Na_2CO_{3\ noch\ in\ Lösung})=9{,}8*10^{-7}\ mol/L*0{,}1\ L=9{,}8*10^{-8}\ mol$$

Die Stoffmenge Natriumcarbonat in den ursprünglichen 90 mL Soda-Lösung kann aus der Angabe berechnet werden:

$$n(Na_2CO_3)=c(Na_2CO_3)*V(Na_2CO_3)$$

$$=1{,}5*10^{-5}\ \frac{mol}{L}*0{,}09\ L$$

$$=1{,}4*10^{-6}\ mol$$

Die Stoffmenge an ausgefallenem Natriumcarbonat ergibt sich aus der Differenz zwischen der ursprünglichen Stoffmenge und der gelösten Stoffmenge:

$$n(Na_2CO_{3\ ausgefallen\ als\ CaCO_3})=1{,}4*10^{-6}\ mol-9{,}8*10^{-8}\ mol=1{,}3*10^{-6}\ mol$$

1.1

$$m(CaCO_{3\ ausgefallen})=n(CaCO_3)*M(CaCO_3)$$

$$=1{,}3*10^{-6}\ mol*100{,}09\ g/mol=1{,}3*10^{-4}\ g=1{,}3*10^{-1}\ mg$$

11.3.19 In Ihrem Becherglas liegt eine gesättigte Lösung von Silberphosphat vor.
a) Wie hoch ist die Sättigungskonzentration von Silberphosphat? Geben Sie diese sowohl als Stoffmengenkonzentration in mol/L als auch als Massenkonzentration in g/L an!
b) Wie viel Gramm Silberphosphat gehen in Lösung, wenn Sie 2,0 g Silberphosphat mit 125 cm^3 destilliertem Wasser waschen? Wie viel Massenprozent von 2,0 g entspricht dies?
[$pK_L(Ag_3PO_4)$ = 12 ; $M(Ag_3PO_4)$ = 418,6 g/mol]

Aufgabenteil a) ist uns bereits bekannt. Mit Hilfe der Formel für die molare Löslichkeit *L* lässt sich die Stoffmengenkonzentration an Silberphosphat einfach errechnen:

$$Ag_3PO_4 \rightleftharpoons 3\ Ag^+ + PO_4^{3-} \quad K_L(Ag_3PO_4) = c^3(Ag^+) * c(PO_4^{3-})$$

$$pK_L(Ag_3PO_4) = 12 \quad \rightarrow K_L(Ag_3PO_4) = 10^{-pKL} = 1 * 10^{-12}\,(mol/L)^4$$

$$L(Ag_3PO_4) = \sqrt[4]{\frac{K_L(Ag_3PO_4)}{27}} = \sqrt[4]{\frac{1*10^{-12}\,(mol/L)^4}{27}} = 4{,}4*10^{-4}\,mol/L$$ 7.2

Die Massenkonzentration lässt sich einfach aus der Stoffmengenkonzentration (=Löslichkeit von Ag_3PO_4) und der molaren Masse berechnen:

$$\beta(Ag_3PO_4) = L(Ag_3PO_4) * M(Ag_3PO_4)$$ 2.1

$$= 4{,}4*10^{-4}\,mol/L * 418{,}6\ g/mol = 1{,}8*10^{-1}\,g/L$$

Wenn in einer Aufgabe ein Niederschlag oder Feststoff gewaschen werden soll, dann kann man davon ausgehen, dass die molare Löslichkeit eine Rolle spielt. So auch in Aufgabenteil b). Nachdem wir die molare Löslichkeit von Silberphosphat in Teil a) bereits berechnet haben, nutzen wir diese, um Teil b) zu lösen. Gefragt ist die Masse an Silberphosphat, die in 125 cm^3 Wasser in Lösung gehen. Die Masse Silberphosphat in Lösung ergibt sich aus der molaren Löslichkeit bezogen auf das gegebene Volumen (125 cm^3 = 125 mL) multipliziert mit der molaren Masse von Silberphosphat:

$$m(Ag_3PO_4) = L(Ag_3PO_4) * V * M(Ag_3PO_4)$$ 1.1, 1.2

$$= 4{,}4*10^{-4}\,mol/L * 0{,}125\ L * 418{,}6\ g/mol = 2{,}3*10^{-2}\,g$$

Die Berechnung, wie viele Massenprozent dies darstellt, sollte nun mittels Dreisatz kein Problem sein:

$$2\,g \rightarrow 100\,\%$$

$$2{,}3*10^{-2}\,g \rightarrow 1{,}15\,\%$$

11.3.20 5 g Silbersulfid werden mit destilliertem Wasser gewaschen. Wie viele Hektoliter Waschwasser dürfen maximal verwendet werden, wenn sich nicht mehr als 0,050 Massenprozent an Silbersulfid lösen sollen?
[$pK_L(Ag_2S)$ = 49; $M(Ag_2S)$ = 247,8 g/mol]

Auch bei dieser Aufgabe wird wiederum ein Niederschlag gewaschen. Dies bedeutet wieder, dass die molare Löslichkeit eine Rolle spielt, allerdings ist hier die Aufgabe ein wenig anders formuliert. Bedingung ist diesmal, dass maximal 0,05 % (g/g) Silbersulfid dabei gelöst werden dürfen. Gefragt ist nach dem Volumen des Waschwassers, wenn 5 g Silbersulfid gewaschen werden.

Wir berechnen wir gewohnt Löslichkeit $L(Ag_2S)$:

$$Ag_2S \rightleftharpoons 2\ Ag^+ + S^{2-}$$

$$K_L(Ag_2S) = 1*10^{-49}\,(mol/L)^3$$

7.2

$$L(Ag_2S) = \sqrt[2+1]{\frac{K_L(Ag_2S)}{2^2 * 1^1}} = \sqrt[3]{\frac{1 * 10^{-49}(mol/L)^3}{4}} = 2{,}9 * 10^{-17}\,mol/L$$

Nun berechnen wir die Masse an Silbersulfid, die entsprechend der Bedingung maximal gelöst werden darf, mittels Dreisatz:

100 % $\rightarrow$ 5 g

0,05 % $\rightarrow$ $2{,}5 * 10^{-3}$ g

$2{,}5 * 10^{-3}$g dürfen maximal gelöst werden. Wir nutzen nun die Formel für $L(Ag_2S)$:

$$L(Ag_2S) = \frac{n(Ag_2S)}{V_{Waschwasser}}\,mol/L$$

Lösen nach V auf

$$V_{Waschwasser} = \frac{n(Ag_2S)}{L(Ag_2S)}\,L$$

Und ersetzen $n(Ag_2S)$ nach der Formel: $n(Ag_2S) = \frac{m(Ag_2S)}{M(Ag_2S)}$

$$V_{Waschwasser} = \frac{m(Ag_2S)}{L(Ag_2S) * M(Ag_2S)} = \frac{2{,}5 * 10^{-3}\,g}{2{,}9 * 10^{-17}\,\frac{mol}{L} * 247{,}8\,\frac{g}{mol}} = 3{,}5 * 10^{11}\,L$$

Im letzten Schritt noch die Umrechnung in hL (1 hL = 100 L):

$$= 3{,}5 * 10^{9}\,hL$$

11.3.21 Zu einer Lösung bestehend aus Aluminiumnitrat und Eisen(III)-chlorid wird tropfenweise verdünnte Natronlauge hinzugegeben. Nehmen Sie an, dass mit dem ersten Tropfen an verdünnter Natronlauge das Löslichkeitsprodukt von Eisen(III)-hydroxid bereits überschritten wird.

a) Ab welchem Konzentrationsverhältnis Fe^{3+}/Al^{3+} beginnt die Fällung von Aluminiumhydroxid?

b) Sie waschen 20,0 mg Eisen(III)-hydroxid mit destilliertem Wasser. Wie viel Liter Wasser dürfen Sie maximal nutzen, wenn Sie nicht mehr als 0,250 % dieser Masse beim Waschen verlieren wollen?

[$pK_L(Al(OH)_3) = 33$; $pK_L(Fe(OH)_3) = 38{,}0$; M(Fe) = 56,0 g/mol; M(O) = 16,0 g/mol; M(H) = 1,0 g/mol]

$$\frac{c(Fe^{3+})}{c(Al^{3+})} = \frac{K_L(Fe(OH)_3)}{K_L(Al(OH)_3)} = \frac{1 * 10^{-38}(mol/L)^4}{1 * 10^{-33}(mol/L)^4} = 1 * 10^{-5}$$

$$V_{Waschwasser} = 3337\,L$$

11.3.22 23 mL einer Kaliumoxalat-Lösung der Konzentration 5,0 µg/µL werden zu 35 mL einer Natriumsulfat-Lösung der Konzentration 10 µmol/mL gegeben. Anschließend wird tropfenweise Bariumchlorid-Lösung hinzugegeben.

a) Welches Salz fällt zuerst aus und ab welchem Konzentrationsverhältnis (Sulfat : Oxalat) beginnt die Ausfällung des zweiten Salzes?

b) Welche Stoffmengenkonzentration an Sulfationen liegt vor, wenn das zweite Salz auszufallen beginnt?

[$pK_L(BaSO_4)$ = 10,0; $pK_L(BaC_2O_4)$ = 6,8; $M(K_2C_2O_4)$ = 184,23 g/mol]

a) $\frac{c(SO_4^{2-})}{c(C_2O_4^{2-})} = \frac{K_L(BaSO_4)}{K_L(BaC_2O_4)} = \frac{1*10^{-10}(mol/L)^2}{1,6*10^{-7}(mol/L)^2} = 6,3*10^{-4}$

b) $c(SO_4^{2-}) = 6,9*10^{-6}\, mol/L$

11.3.23 a) 50 mg Bariumsulfat werden mit 500 cm³ destilliertem Wasser gewaschen. Wie viel Massenprozent davon gehen hierbei in Lösung?
b) Bestimmen Sie die Stoffmengenkonzentration an Sulfationen im Waschwasser!
c) Sie geben nun 20 mL einer 2,0 mM Bariumchlorid-Lösung zum Waschwasser hinzu. Kommt es in der entstehenden Mischung erneut zur Fällung von Bariumsulfat? Beweisen Sie dies rechnerisch! (mögliche Volumenkontraktion wird hierbei vernachlässigt)
[$pK_L(BaSO_4)$ = 10; $M(BaSO_4)$ = 233,4 g/mol]

a) 2,4 % → 1,2 mg

b) $L(BaSO_4) = 1*10^{-5}\, mol/L = c(SO_4^{2-})$

c) $I_P(BaSO_4) = c_{neu}(Ba^{2+}) * c_{neu}(SO_4^{2-}) = 7,4*10^{-10}(mol/L)^2 > K_L(BaSO_4)$

→ erneute Niederschlagsbildung!

11.3.24 a) Sie waschen 125 mg Silberphosphat mit 150 cm³ destilliertem Wasser. Wie viel Massenprozent davon gehen hierbei in Lösung?
b) Sie entnehmen 0,050 dm³ Waschwasser und geben es zu 200 mL einer 30 µM Kaliumthiocyanat-Lösung. Kommt es zur Fällung? (mögliche Volumenkontraktion wird hierbei vernachlässigt)
[$pK_L(Ag_3PO_4)$ = 17,7; $pK_L(AgSCN)$ = 12; $M(Ag_3PO_4)$ = 418,7 g/mol]

a) 1,0 mg → 0,8 %

b) $I_P(AgSCN) = c_{neu}(Ag^+) * c_{neu}(SCN^-) = 9,6*10^{-6}\, mol/L * 2,4*10^{-5}\, mol/L$

$= 2,3*10^{-10}(mol/L)^2 > K_L(AgSCN) \rightarrow$ Niederschlagsbildung!

11.3.25 a) 2 g Silbersulfid werden mit 200 cm³ Wasser gewaschen. Wie viel Massenprozent gehen hierbei in Lösung?
b) Zum Waschwasser geben Sie 23 mL 1,5 mM Salzsäure. Kommt es zur Niederschlagsbildung? (Nehmen Sie jeweils eine Dichte von 1,0 g/cm³ an.)
[$K_L(Ag_2S) = 1*10^{-49}\,(mol/L)^3$; $pK_L(AgCl)$ = 9,8; $M(Ag_2S)$ = 247,8 g/mol]

a) $7*10^{-14}$ %

b) $I_P(AgCl) = c_{neu}(Ag^+) * c_{neu}(Cl^-) = 5,4*10^{-17}\, mol/L * 1,6*10^{-4}\, mol/L$

$= 8,6*10^{-21}(mol/L)^2 < K_L(AgCl) \rightarrow$ keine Niederschlagsbildung!

11.3.26 125 mg Strontiumphosphat werden mit Wasser gewaschen. Zum Volumen des Waschwassers, das 0,50 Massenprozent der gewaschenen Masse an Strontiumphosphat gelöst enthält, geben Sie 45 mL einer Blei(II)-nitrat-Lösung mit der Massenkonzentration 30 ng/dm³. Kommt es zur Bildung eines Niederschlags? (Die Dichten betragen hierbei jeweils 1,0 g/cm³.) [$pK_L(Sr_3(PO_4)_2) = 31$; $M(Sr_3(PO_4)_2) = 452{,}8$ g/mol; $M(Pb(NO_3)_2) = 331{,}2$ g/mol; $pK_L(Pb_3(PO_4)_2) = 54$]

$$V_{Waschwasser} = 5{,}58\ L$$

$$c\left(Pb\left(NO_3\right)_2\right)_{45\,mL} = 9*10^{-11}\,mol/L = c\left(Pb^{2+}\right)_{45\,mL}$$

$$I_P\left(Pb_3(PO_4)_2\right) = c^3\left(Pb^{2+}\right)_{Mischung} * c^2\left(PO_4^{\ 3-}\right)_{Mischung}$$

$$= 8{,}6*10^{-50}\left(\frac{mol}{L}\right)^5 > K_L\left(Pb_3(PO_4)_2\right) \rightarrow \text{Niederschlagsbildung !}$$

12 Gleichioniger Zusatz

Es kommt zur Fällung eines Salzes, sobald das Ionenprodukt das Löslichkeitsprodukt überschreitet. Selbst wenn wir in der Analytik, z.B. im Kationentrennungsgang, bei Fällungstitrationen oder der Gravimetrie, von vollständiger Fällung sprechen, muss uns bewusst sein, dass, entsprechend des Löslichkeitsprodukts, immer ein kleiner Teil des Salzes in Lösung bleibt. Die Konzentration in der Lösung verbliebener Ionen ergibt sich aus dem Löslichkeitsprodukt.

$$Ba^{2+} + SO_4^{\ 2-} \rightleftharpoons BaSO_4\downarrow$$

$$K_L = c\left(Ba^{2+}\right) * c\left(SO_4^{2-}\right) = 1{,}1 * 10^{-10}\,(mol/L)^2$$

Nehmen wir als Beispiel wiederum die Fällung von Bariumionen als Bariumsulfat. Da diese Reaktion eine Gleichgewichtsreaktion ist, kann die Reaktion in der Form beeinflusst werden, dass die Konzentration eines der an der Fällung beteiligen Ions erhöht wird. Bariumionen sollen möglichst vollständig ausgefällt werden. Dazu wird die Sulfationen-Konzentration durch Zugabe von Natriumsulfat zur Lösung erhöht. Damit steigt das Ionenprodukt aus $c\left(Ba^{2+}\right) * c\left(SO_4^{2-}\right)$ in der Lösung an. Das Gleichgewicht wird nach rechts verschoben und die Bariumionen-Konzentration in der Lösung sinkt.

> **MERKE:**
> Um eine möglichst vollständige Fällung zu erreichen, muss mit einem Überschuss an Fällungsreagens gearbeitet werden. Demnach wird auch die Löslichkeit eines Salzes von der Anwesenheit in Lösung befindlicher Ionen beeinflusst.

12.1 Übungsaufgaben gleichioniger Zusatz

12.1.1 Bei einer der möglichen Nachweisreaktionen auf Phosphat nutzen Sie Zirkonylchlorid ($ZrOCl_2$) und fällen vorhandenes Phosphat als Zirkoniumhydrogenphosphat ($Zr(HPO_4)_2$).

a) Berechnen Sie die molare Löslichkeit von Zirkoniumhydrogenphosphat und geben Sie die Konzentrationen der Zirkoniumionen sowie der Hydrogenphosphationen in der gesättigten Lösung in mol/L an!

b) Mit wie viel L einer 0,001 M K_2HPO_4-Lösung dürfen Sie 30,0 mg dieses Niederschlags maximal waschen, wenn nicht mehr als 0,05 % (Massenprozent) des Niederschlages in Lösung gehen darf?
[$M(Zr(HPO_4)_2)$ = 283,18 g/mol; $K_L(Zr(HPO_4)_2) = 3{,}40 * 10^{-27}\,(mol/L)^3$]

a) Berechnen der molaren Löslichkeit für Zirkoniumhydrogenphosphat (1:2-Salz) nach der entsprechenden Formel:

7.2 $$L(Zr(HPO_4)_2) = \sqrt[3]{\frac{K_L(Zr(HPO_4)_2)}{4}} = \sqrt[3]{\frac{3{,}4*10^{-27}\left(\frac{mol}{L}\right)^3}{4}} = 9{,}5*10^{-10}\,mol/L = c(Zr(HPO_4)_2)$$

Entsprechend der Gleichung

$$Zr(HPO_4)_2 \rightleftharpoons Zr^{4+} + 2\,HPO_4^{2-}$$

ist die Konzentration an Zr^{4+} gleich und die Hydrogenphosphationen-Konzentration doppelt so hoch wie die hypothetischen Zirkoniumhydrogenphosphat-Konzentration:

$$\frac{c(Zr(HPO_4)_2)}{c(Zr^{4+})} = \frac{1}{1} \qquad \frac{c(Zr(HPO_4)_2)}{c(HPO_4^{2-})} = \frac{1}{2}$$

Damit lassen sich die jeweiligen Konzentrationen leicht errechnen:

$$c(Zr^{4+}) = c(Zr(HPO_4)_2) = 9{,}5*10^{-10}\,mol/L$$

$$c(HPO_4^{2-}) = 2\,c(Zr(HPO_4)_2) = 2*9{,}5*10^{-10}\,mol/L = 2*10^{-9}\,mol/L$$

b) Waschen des Niederschlags mit Kaliumhydrogenphosphat-Lösung: Die Anwesenheit von Hydrogenphosphationen im Waschwasser muss bei der Berechnung des Ionenprodukts berücksichtigt werden!

Zu Beginn berechnen wir die Masse an Zirkoniumhydrogenphosphat, die maximal in Lösung gehen darf:

$0{,}03\,g = 100\,\%$

$1{,}5*10^{-5}\,g = 0{,}05\%$

Nun betrachten wir die Waschwasser-Lösung: Aus einem K_2HPO_4 entsteht bei Dissoziation ein HPO_4^{2-}-Ion:

$$K_2HPO_4 \rightleftharpoons 2\,K^+ + HPO_4^{2-}$$

Damit entspricht, bei vollständiger Dissoziation des Dikaliumhydrogenphosphats, die Konzentration an Hydrogenphosphationen der angegebenen Konzentration von 0,001 mol/L.

$$\frac{c(K_2(HPO_4))}{c(HPO_4^{2-})} = \frac{1}{1} \quad \rightarrow \quad c(K_2(HPO_4)) = c(HPO_4^{2-})$$

Diese Konzentration setzen wir nun in das Löslichkeitsprodukt ein und stellen nach $c(Zr^{4+})$ um:

$K_L(Zr(HPO_4)_2) = c(Zr^{4+}) * c^2(HPO_4^{2-})$

7.1 $$c(Zr^{4+}) = \frac{K_L(Zr(HPO_4)_2)}{c^2(HPO_4^{2-})} = \frac{3{,}4*10^{-27}(mol/L)^3}{(0{,}001\,mol/L)^2} = 3{,}4*10^{-21}\,mol/L$$

Die erhaltene Zirkoniumionen-Konzentration entspricht der hypothetischen Konzentration an $Zr(HPO_4)_2$ in der Lösung:

$$c(Zr^{4+}) = c(Zr(HPO_4)_2)$$

Das Volumen an Waschwasser können wir jetzt mit Hilfe der zuvor berechneten Masse an gelöstem Zirkoniumhydrogenphosphat und der hypothetischen Konzentration an $Zr(HPO_4)_2$ berechnen:

$$V_{(\text{Waschlösung})} = \frac{m(Zr(HPO_4)_2)}{c(Zr(HPO_4)_2) * M(Zr(HPO_4)_2)} = \frac{1{,}5*10^{-5}\,g}{3{,}4*10^{-21}\,mol/L * 283{,}18\,g/mol}$$

$$= 1{,}6*10^{13}\,L$$

12.1.2 Sie lösen 2,50 g Blei(II)-nitrat in 100 mL Wasser.
a) Wie viel Milligramm Magnesiumchlorid müssen Sie mindestens zur Bleinitrat-Lösung geben um Blei(II)-chlorid auszufällen?
b) Wie viel Milligramm Blei(II)-chlorid lösen sich, wenn Sie einen Blei(II)-chlorid-Niederschlag in 500 mL einer 0,10 M Kaliumchlorid-Lösung waschen?
[$M(MgCl_2)$ = 95,21 g/mol, $M(Pb(NO_3)_2)$ = 331,21 g/mol, $K_L(PbCl_2) = 2{,}00 * 10^{-5}\,(mol/L)^3$, $M(PbCl_2)$ = 278,1 g/mol]

a) $m(MgCl_2) = 7{,}6*10^{-2}\,g$
$= 76\,mg$

b) $m(PbCl_2) = c(PbCl_2) * V_{KCl} * M(PbCl_2)$
$= 0{,}278\,g = 278\,mg$

12.1.3 Berechnen Sie die Löslichkeit von Blei(II)-chlorid in Wasser und in 0,10 M Salzsäure-Lösung und geben Sie diese jeweils in mg/L an. Geben Sie abschließend zusätzlich den Faktor des Löslichkeitsunterschiedes an!
[$pK_L(PbCl_2)$ = 4,8; $M(PbCl_2)$ = 278,11 g/mol]

Berechnung der molaren Löslichkeit von Blei(II)-chlorid:

$$K_L(PbCl_2) = 1{,}6*10^{-5}\,(mol/L)^3$$

$$L(PbCl_2) = \sqrt[3]{\frac{K_L(PbCl_2)}{4}} = \sqrt[3]{\frac{1{,}6*10^{-5}\,(mol/L)^3}{4}} = 1{,}6*10^{-2}\,mol/L$$ 7.2

Umrechnen der Stoffmengenkonzentration (=Löslichkeit von $PbCl_2$) in Massenkonzentration:

$$ß(PbCl_2) = L(PbCl_2) * M(PbCl_2)$$ 2.1

$$= 1{,}6*10^{-2}\,mol/L * 278{,}11\,g/mol = 4{,}45\,g/L = 4450\,mg/L$$

Berechnung der Löslichkeit von Blei(II)-chlorid unter Berücksichtigung der Chloridionen-Konzentration in der Salzsäure-Lösung:

$$c(Pb^{2+}) = c(PbCl_2)$$

7.1 $$K_L(PbCl_2) = c(Pb^{2+}) * c^2(Cl^-)$$

Für $c(Cl^-)$ setzen wir nun die Konzentration der Salzsäure-Lösung (0,1 M) ein:

$$c(Pb^{2+})_{in\,0,1\,M\,HCl} = \frac{K_L(PbCl_2)}{c^2(Cl^-)} = \frac{1{,}6 * 10^{-5}\,(mol/L)^3}{(0{,}1\,mol/L)^2} = 1{,}6 * 10^{-3}\,mol/L = c(PbCl_2)_{in\,0,1\,M\,HCl}$$

Umrechnen der Stoffmengenkonzentration in Massenkonzentration:

2.1 $$ß(PbCl_2)_{in\,0,1\,M\,HCl} = c(PbCl_2)_{in\,0,1\,M\,HCl} * M(PbCl_2)$$

$$= 1{,}6 * 10^{-3}\,mol/L * 278{,}11\,g/mol = 0{,}44\,g/L = 440\,mg/L$$

Faktor:

$$\frac{L(PbCl_2)}{c(PbCl_2)_{in\,0,1\,M\,HCl}} = \frac{1{,}6 * 10^{-2}\,mol/L}{1{,}6 * 10^{-3}\,mol/L} = 10$$

12.1.4 Berechnen Sie die Löslichkeit von Silberbromid einmal in Wasser und einmal in 0,02 M Natriumbromid-Lösung und geben Sie diese in mg/L an. Um welchen Faktor ist die Löslichkeit von Silberbromid in Wasser höher als in Natriumbromid-Lösung?
[K_L (AgBr) = 4,1 $*$ 10^{-13} (mol/L)^2, M(AgBr) = 188 g/mol]

2.1 $$ß(AgBr) = c(AgBr) * M(AgBr)$$

$$= 6{,}4 * 10^{-7}\,mol/L * 188\,g/mol = 1{,}2032 * 10^{-4}\,g/L = 0{,}12\,mg/L$$

$$ß(AgBr) = c(AgBr) * M(AgBr)$$

$$= 2{,}05 * 10^{-11}\,mol/L * 188\,g/mol = 3{,}854 * 10^{-9}\,g/L = 3{,}854 * 10^{-6}\,mg/L$$

Faktor:

$$\frac{L(AgBr_{H_2O})}{L(AgBr_{NaBr})} = \frac{6{,}4 * 10^{-7}\,mol/L}{2{,}05 * 10^{-11}\,mol/L} = 31219{,}512 \sim 31219{,}5$$

12.1.5 5 g Chrom(III)-nitrat werden in 200 mL destilliertem Wasser gelöst. In diese Lösung werden 100 mL einer 200 µM Natriumhydroxid-Lösung gegeben. Die jeweiligen Dichten werden als konstant angenommen (1 g/cm³), Volumenkontraktionseffekte und amphoteres Verhalten werden nicht beachtet.
a) Beweisen Sie, dass es zur Niederschlagsbildung kommt!
b) Sie waschen 40 mg Chrom(III)-hydroxid mit 2,0 L einer 1,0 mM Kaliumhydroxid-Lösung. Wie viel Prozent der Masse an Chrom(III)-hydroxid gehen hierbei in Lösung?
[M($Cr(NO_3)_3$) = 238 g/mol, pK_L($Cr(OH)_3$) = 30, M($Cr(OH)_3$) = 103 g/mol]

a) $I_P\left(Cr(OH)_3\right)=c\left(Cr^{3+}\right)*c^3\left(OH^-\right)=7{,}0*10^{-2}\,mol/L*\left(6{,}7*10^{-5}\,mol/L\right)^3$

$=2{,}1*10^{-14}\left(mol/L\right)^4 > K_L\left(Cr(OH)_3\right)\rightarrow$ Niederschlag

b) $m(Cr(OH)_3)=c(Cr(OH)_3)*V_{KOH-Lsg}*M(Cr(OH)_3)$ 1.1;1.2

$= 2{,}1*10^{-16}\,mg$

$40\,mg \rightarrow 100\,\%$

$2{,}1*10^{-16}\,mg \rightarrow 5{,}3*10^{-16}\,\%$

12.1.6 Eine Quecksilber(II)-haltige Lösung wird tropfenweise mit einer Kaliumiodid-Lösung versetzt. Dabei kommt es zur Fällung von 24,0 mg Quecksilber(II)-iodid, das anschließend komplett isoliert wird.
a) Mit wie viel L Wasser darf der Niederschlag maximal gewaschen werden, wenn nicht mehr als 0,010 % (Massenprozent) davon in Lösung gehen dürfen?
b) Mit wie viel L 100 mM Quecksilber(II)-nitrat-Lösung darf der Niederschlag maximal gewaschen werden, wenn nicht mehr als 0,01 % (Massenprozent) davon in Lösung gehen dürfen?
[$K_L\left(HgI_2\right)=2{,}90*10^{-29}\left(mol/L\right)^3$; $M(HgI_2) = 324{,}6\,g/mol$]

a) $V_{(Wasser)} = 38{,}9\,L$

b) $V_{(Hg(NO_3)_2\text{-Lösung})} = 8{,}7*10^5\,L$

13 Abhängigkeit der Löslichkeit vom pH-Wert

Zur Fällung eines Salzes kommt es, sobald das Ionenprodukt das Löslichkeitsprodukt überschreitet. Bei bestimmten Fällungsreaktionen bzw. Auflöseprozessen spielt der pH-Wert der Lösung eine entscheidende Rolle. Ganz offensichtlich ist dies bei der Bildung schwerlöslicher Metallhydroxide der Fall. Die Konzentration der Hydroxidionen in der Lösung ist abhängig vom pH-Wert und kann leicht aus diesem errechnet werden (siehe Kapitel 9: pH-Berechnung).

$$pOH = 14 - pH \qquad pOH = -\log c\left(OH^-\right)$$ 5.2

Die Änderung des pH-Wertes der Lösung ist Ausdruck einer veränderten Hydroxidionen-Konzentration in der Lösung, damit ändert sich auch das Ionenprodukt. Betrachten wir das Beispiel Magnesium(II)-hydroxid:

Liegt in einer 0,02 molaren, schwach alkalischen Magnesiumchlorid-Lösung (pH = 8,0) ein Magnesiumhydroxid-Niederschlag vor? $\left[K_L\left(Mg(OH)_2\right) = 5{,}61*10^{-12}\,(mol/L)^3\right]$

$$Mg(OH)_2 \rightleftharpoons Mg^{2+} + 2\,OH^-$$

Berechnung der Hydroxidionen-Konzentration in der Lösung:

$$pOH = 14 - pH = 14 - 8 = 6$$ 5.2

$$pOH = -\log c\left(OH^-\right) = 6$$

$$c\left(OH^-\right) = 10^{-6}\,mol/L$$

Berechnung des Ionenprodukts aus der gegebenen Magnesiumionen-Konzentration und der berechneten Hydroxidionen-Konzentration:

$$I_P\left(Mg(OH)_2\right) = c\left(Mg^{2+}\right) * c^2\left(OH^-\right) = 0{,}02\,mol/L * (1*10^{-6}\,mol/L)^2 = 2*10^{-14}\,(mol/L)^3$$

$$I_P\left(Mg(OH)_2\right) < K_L\left(Mg(OH)_2\right) \rightarrow \text{kein Niederschlag}$$

Welchen pH-Wert muss man mindestens einstellen, damit Mangan(II)-hydroxid aus einer Mangan(II)-nitrat-Lösung der Konzentration 0,0100 mol/L ausfällt? $\left[K_L\left(Mn(OH)_2\right) = 2{,}00*10^{-13}\,(mol/L)^3\right]$

Mangan(II)-hydroxid löst sich nach folgender Gleichung:

$$Mn(OH)_2 \rightleftharpoons Mn^{2+} + 2\,OH^-$$

Aus der Angabe ist die Konzentration der Manganionen in der Lösung ersichtlich:

$$c(Mn(NO_3)_2) = 0{,}01\,mol/L = c(Mn^{2+})$$

Aufstellen des K_L:

$$K_L(Mn(OH)_2) = c(Mn^{2+}) * c^2(OH^-)$$

Nach der Hydroxidionen-Konzentration auflösen, dann K_L und $c(Mn^{2+})$ einsetzen:

$$c(OH^-) = \sqrt{\frac{K_L(Mn(OH)_2)}{c(Mn^{2+})}} = 4{,}47 * 10^{-6}\,mol/L$$

pOH-Wert und in weiterer Folge den pH-Wert berechnen:

$$pOH = -\log c(OH^-) = 5{,}35$$

5.2 $$pH = 14 - pOH = 14 - 5{,}35 = 8{,}65$$

Der pH-Wert der Lösung spielt vor allem dann eine bedeutende Rolle, wenn eines der gelösten Ionen als Säure oder Base reagieren kann. Dabei kann die Konzentration dieses Ions entsprechend dem Massenwirkungsgesetz der Säure-Base-Reaktion erhöht oder aber verringert werden. In der Praxis betreffen solche Nebenreaktionen häufig Anionen, die als schwache oder mittelstarke Säuren fungieren, z.B. Sulfid (S^{2-}), Carbonat (CO_3^{2-}) oder Phosphat (PO_4^{3-}).
Betrachten wir als Beispiel eine gesättigte Blei(II)-sulfid-Lösung:

$$PbS \rightleftharpoons Pb^{2+} + S^{2-}$$

Mit einem $K_L = 3 * 10^{-28}\,(mol/L)^2$ ist Bleisulfid schwer löslich und die Konzentration an gelösten Blei- und Sulfidionen in der Lösung ist dementsprechend gering. Versetzt man diese Lösung mit einer starken Säure, so reagieren die in Lösung befindlichen Sulfidionen in einer Säure-Base-Reaktion zu Hydrogensulfid (HS^-) bzw. Schwefelwasserstoffsäure (H_2S):

$$S^{2-} + H_3O^+ \rightleftharpoons HS^- + H_2O$$

$$HS^- + H_3O^+ \rightleftharpoons H_2S + H_2O$$

Durch diese Reaktion wird die Sulfidionen-Konzentration in der Lösung vermindert und das Ionenprodukt unterschreitet das Löslichkeitsprodukt. Es löst sich neues Bleisulfid auf, bis das Löslichkeitsprodukt wieder erreicht wird. In Abhängigkeit von der Oxoniumionen-Konzentration in der Lösung kann es zum vollständigen Auflösen des Bleisulfid-Niederschlags durch diese Nebenreaktion kommen.

Die stufenweise Dissoziation von H_2S kann mit dem MWG beschrieben werden:

Stufe (1) $$H_2S + H_2O \rightleftharpoons HS^- + H_3O^+ \quad K_{S1} = \frac{c(HS^-) * c(H_3O^+)}{c(H_2S)} = 1{,}2 * 10^{-7}\,mol/L$$

Stufe (2) $$HS^- + H_2O \rightleftharpoons S^{2-} + H_3O^+ \quad K_{S2} = \frac{c(S^{2-}) * c(H_3O^+)}{c(HS^-)} = 1{,}2 * 10^{-13}\,mol/L$$

Gesamtreaktion: $$H_2S + HS^- + 2\,H_2O \rightleftharpoons HS^- + S^{2-} + 2\,H_3O^+$$

Daraus lässt sich die Formel zur Berechnung der Gesamtdissoziationskontanten herleiten:

$$K_{S1} * K_{S2} = \frac{c(HS^-) * c(H_3O^+)^2 * c(S^{2-})}{c(H_2S) * c(HS^-)}$$

Näherungsweise entspricht die Gesamtdissoziationskonstante von H_2S dem Produkt der beiden Dissoziationskonstanten (K_{S1} und K_{S2}):

$$K_S(H_2S)_{gesamt} = \frac{c(S^{2-}) * c(H_3O^+)^2}{c(H_2S)}$$

Betrachten wir nun, welche Auswirkungen der pH-Wert einer Lösung auf die Ausfällung von Metallsulfiden hat:

In eine Lösung mit einer Stoffmengenkonzentrationen an Blei(II)-Ionen ($c(Pb^{2+})$ = 0,0500 mol/L) und Eisen(II)-Ionen ($c(Fe^{2+})$ = 0,0500 mol/L) wird H_2S-Gas bis zur Sättigung (c = 0,10 mol/L) eingeleitet. Der pH-Wert der Lösung beträgt dabei 0,50.
Kommt es unter diesen Bedingungen zur Fällung von PbS und/oder FeS?
[$K_L(PbS) = 7{,}00 * 10^{-29} (mol/L)^2$; $K_L(FeS) = 4{,}00 * 10^{-19} (mol/L)^2$;
$K_S(H_2S)_{gesamt} = 1{,}44 * 10^{-20} (mol/L)^2$]

Sulfidionen-Konzentration in der gesättigten H_2S-Lösung:

$$K_S(H_2S)_{gesamt} = \frac{c(H_3O^+)^2 * c(S^{2-})}{c(H_2S)} \qquad c(S^{2-}) = \frac{K_S(H_2S)_{gesamt} * c(H_2S)}{c(H_3O^+)^2}$$

$$pH = 0{,}5 = -\log(10^{-0{,}5}) \qquad c(H_3O^+) = 10^{-0{,}5}\frac{mol}{L} = 0{,}32\,mol/L$$

$$c(S^{2-}) = \frac{K_S(H_2S)_{gesamt} * c(H_2S)}{c(H_3O^+)^2} = \frac{1{,}44 * 10^{-20}(mol/L)^2 * 0{,}1\,mol/L}{(0{,}32\,mol/L)^2} = 1{,}41 * 10^{-20}\,mol/L$$

Ionenprodukt aufstellen und mit den jeweiligen Löslichkeitsprodukten vergleichen:

Bleisulfid: $I_P(PbS) = c(Pb^{2+}) * c(S^{2-}) = 0{,}05\,mol/L * 1{,}41 * 10^{-20}\,mol/L$
$= 7{,}05 * 10^{-22}(mol/L)^2 > K_L(PbS) \Rightarrow$ Niederschlag

Eisensulfid: $I_P(FeS) = c(Fe^{2+}) * c(S^{2-}) = 0{,}05\frac{mol}{L} * 1{,}41 * 10^{-20}\,mol/L$
$= 7{,}05 * 10^{-22}(mol/L)^2 < K_L(FeS) \Rightarrow$ kein Niederschlag

13.1 Übungsaufgaben pH-abhängige Fällungen

13.1.1 Welcher pH-Wert muss mindestens eingestellt werden, damit aus einer 1,00 mM Magnesiumnitrat-Lösung ein Niederschlag bestehend aus Magnesiumhydroxid auszufallen beginnt?
$[K_L(Mg(OH)_2) = 8{,}90 * 10^{-12} (mol/L)^3]$

$pOH = -\log c(OH^-) = 4{,}03$

$pH = 14 - pOH \rightarrow pH = 9{,}97$

13.1.2 Eine wässrige Calciumhydroxid-Suspension wird filtriert.
a) Welchen pH-Wert besitzt das so erhaltene Kalkwasser?
b) Wie viel Milligramm Calciumhydroxid lösen sich in 100 mL einer Natriumhydroxid-Lösung, die 5 g zu 12 % verunreinigtes Natriumhydroxid gelöst enthält?
$[pK_L(Ca(OH)_2) = 5{,}9$; $M(Ca(OH)_2) = 74{,}1$ g/mol; $M(NaOH) = 40$ g/mol]

a) Aus dem pK_L den K_L errechnen:

$pK_L(Ca(OH)_2) = 5{,}9 \quad \rightarrow \quad K_L(Ca(OH)_2) = 10^{-5{,}9} (mol/L)^3 = 1{,}26 * 10^{-6} (mol/L)^3$

Calciumhydroxid löst sich entsprechend der Gleichung:

$Ca(OH)_2 \rightleftharpoons Ca^{2+} + 2\ OH^-$

Mit Hilfe der molaren Löslichkeit kann die Konzentration an gelöstem Calciumhydroxid errechnet werden:

7.2 $$L(Ca(OH)_2) = \sqrt[3]{\frac{K_L(Ca(OH)_2)}{4}} = \sqrt[3]{\frac{1{,}26 * 10^{-6}\left(\frac{mol}{L}\right)^3}{4}} = 6{,}8 * 10^{-3}\ mol/L$$

Verhältnis: $c(Ca(OH)_2)$ zu $c(OH^-)$ aufstellen:

$$\frac{c(Ca(OH)_2)}{c(OH^-)} = \frac{1}{2}$$

Aus der molaren Löslichkeit kann nun die Hydroxidionen-Konzentration und dann der pOH- und der pH-Wert errechnet werden:

$$c(OH^-) = 2c(Ca(OH)_2) = 2 * 6{,}8 * 10^{-3}\ mol/L = 1{,}36 * 10^{-2}\ mol/L$$

5.10 $$pOH = -\log(c(OH^-)) = -\log(1{,}36 * 10^{-2}) = 1{,}87$$

5.2 $$pH = 14 - pOH = 14 - 1{,}87 = 12{,}13$$

b) Zu 12 % verunreinigt bedeutet, dass das Gemisch 88 % Reinstoff enthält.

$5\ g * 0{,}88 = 4{,}4\ g$

Berechnung der Stoffmengenkonzentration der Natronlauge:

$$n(NaOH) = \frac{m(NaOH)}{M(NaOH)} = \frac{4{,}4\,g}{40\,\frac{g}{mol}} = 0{,}11\,mol$$ 1.1

$$c(NaOH) = \frac{n(NaOH)}{V(NaOH)} = \frac{0{,}11\,mol}{0{,}1\,L} = 1{,}1\,M$$ 1.2

Das Löslichkeitsprodukt nach $c(Ca^{2+})$ umstellen und für $c(OH^-)$ die Konzentration der Natronlauge einsetzen (gleichioniger Zusatz!, Konzentration an Hydroxidionen aus $Ca(OH)_2$ ist vernachlässigbar):

$$K_L(Ca(OH)_2) = c(Ca^{2+}) * c^2(OH^-)$$

$$c(Ca^{2+}) = \frac{K_L(Ca(OH)_2)}{c^2(OH^-)} = \frac{1{,}26*10^{-6}\,(mol/L)^3}{(1{,}1\,mol/L)^2} = 1{,}04*10^{-6}\,mol/L$$ 7.1

$$c(Ca^{2+}) = c(Ca(OH)_2)$$

Im letzten Schritt wird nun noch die Masse an Calciumhydroxid berechnet:

$$m(Ca(OH)_2) = c(Ca(OH)_2) * V * M(Ca(OH)_2)$$
$$= 1{,}04 * 10^{-6}\,mol/L * 0{,}1\,L * 74{,}1\,g/mol = 7{,}7 * 10^{-6}\,g = 7{,}7 * 10^{-3}\,mg$$

13.1.3 a) Sie lösen in Ihrem Becherglas 2,50 g zu 20 % verunreinigtes Kaliumhydroxid sowie 1,30 g Calciumchlorid in destilliertem Wasser, sodass Sie 100 mL Lösung erhalten (Dichte der resultierenden Lösung ist 1,20 g/cm³). Beweisen Sie rechnerisch, dass es zur Niederschlagsbildung kommt!
b) Löst sich dieser Niederschlag wieder auf, wenn Sie 20,0 mL 0,100 M Salzsäure-Lösung (Dichte 1,05 g/cm³) hinzufügen? Die Dichte der Gesamtmischung beträgt 1,10 g/cm³.
[$M(CaCl_2)$ = 111 g/mol; $pK_L(Ca(OH)_2)$ = 5,40; M(KOH) = 56,1 g/mol]

a) $n(KOH) = 3{,}6*10^{-2}\,mol = n(OH^-)$

$$l_P(Ca(OH)_2) = c(Ca^{2+}) * c^2(OH^-)$$
$$= 1{,}6*10^{-2}\,(mol/L)^3 > K_L(Ca(OH)_2) = NS!$$

b) $n(OH^-)_{neu} = n(OH^-) - n(H_3O^+) = 3{,}4*10^{-2}\,mol$

$V_{ges} = 0{,}128\,L$

$$l_P(Ca(OH)_2)_{neu} = 6{,}9*10^{-3}\,(mol/L)^3 > K_L(Ca(OH)_2)$$

= Niederschlag löst sich nicht wieder auf!

13.1.4 Cadmiumionen können als Cadmiumsulfid gefällt werden. In einer gesättigten CdS-Lösung betrage die Konzentration an Cd^{2+}-Ionen 1,0 * 10^{-15} mol/L. Welche Konzentration an Schwefelwasserstoff muss bei pH 8,0 in dieser Lösung mindestens vorliegen, damit es zur Fällung von CdS kommt?
[$pK_L(CdS) = 27{,}0$; $K_{S1}(H_2S) = 1{,}20 * 10^{-7}$ mol/L; $K_{S2}(H_2S) = 1{,}20 * 10^{-13}$ mol/L]

$$c(S^{2-}) = 1 * 10^{-12}\ mol/L$$

$$c(H_2S) = \frac{c^2(H_3O^+) * c(S^{-2})}{K_S(H_2S)_{gesamt}} = 6{,}95 * 10^{-9}\ mol/L$$

13.1.5 Es werden 2,0 g Zinn(II)-chlorid in 150 mL destilliertem Wasser vollständig gelöst. Zu dieser Lösung werden 125 mL einer H_2S-Lösung gegeben, in der H_2S in einer Konzentration von 5,0 nmol/L vorliegt. Ab welchem pH-Wert kommt es in der entstehenden Mischung zu einer Fällung von Zinn(II)-sulfid? (Die Dichte betrage jeweils 1,0 g/cm³.)
[$pK_L(SnS) = 28$; $M(SnCl_2) = 189{,}6$ g/mol; $K_S(H_2S)_{ges} = 1{,}44 * 10^{-20}\ (mol/L)^2$]

$$c(SnCl_2) = 4{,}0 * 10^{-2}\ mol/L = c(Sn^{2+})$$

$$n(H_2S) = 6{,}25 * 10^{-10}\ mol$$

$$c(H_2S)_{neu} = 2{,}0 * 10^{-9}\ mol/L$$

$$SnS \rightleftharpoons Sn^{2+} + S^{2-}$$

$$K_L(SnS) = c(Sn^{2+}) * c(S^{2-})$$

$$c(S^{2-}) = 2{,}5 * 10^{-27}\ mol/L$$

$$c(H_3O^+) = 1{,}1 * 10^{-1}\ mol/L$$

$$pH = -\log(c(H_3O^+)) = -\log(1{,}1 * 10^{-1}) = 1$$

Ab pH-Wert von 1 (oder basischer) kommt es zur Fällung von SnS.

13.1.6 Cadmium kann durch Einleiten von Schwefelwasserstoffgas in eine schwach saure Lösung als Cadmiumsulfid ausgefällt werden. Welche Konzentration an gesättigtem Schwefelwasserstoffgas ist zur Fällung von CdS nötig, wenn Sie von einer Cd-Ionen-Konzentration von 1,0 * 10^{-10} mmol/mL und einem pH von 5,5 in Ihrer Analyselösung ausgehen?

[$K_{S1}(H_2S) = 1{,}20 * 10^{-7}\ (mol/L)$; $K_{S2}(H_2S) = 1{,}20 * 10^{-13}\ mol/L$,

$K_L(CdS) = 2 * 10^{-28}\ (mol/L)^2$]

$$c(H_2S) = 1{,}4 * 10^{-19}\ (mol/L)$$

13.1.7 In 125 mL einer 45 µM Bismut(III)-Lösung zersetzen sich bei pH 1,9 35 mg Thioacetamid (TAA) vollständig. Das entstehende Schwefelwasserstoffgas geht komplett in Lösung. Kommt es hierbei zur Bildung von Bismut(III)-sulfid-Niederschlag? Beweisen Sie rechnerisch. Randbedingung: Volumen und pH-Wert bleiben konstant.

$\left[K_S(H_2S)_{gesamt} = 1{,}44 * 10^{-20} (mol/L)^2; M(TAA) = 75{,}0\ g/mol;\right.$

$\left.K_L(Bi_2S_3) = 1{,}5 * 10^{-72} (mol/L)^5\right]$

Thioacetamid:

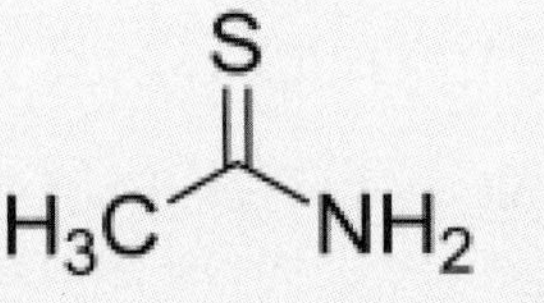

Thioacetamid hydrolysiert langsam entsprechend der Gleichung:

$CH_3\text{-}CSNH_2 + 2H_2O \leftrightarrow H_2S + CH_3\text{-}COO^- + NH_4^+$

$c(TAA) = 3{,}8 * 10^{-3}\ mol/L = c(H_2S)$

$pH = 1{,}9 \rightarrow c(H_3O^+) = 1{,}3 * 10^{-2}\ mol/L$

$c(S^{2-}) = 3{,}22 * 10^{-19}\ mol/L$

$I_p(Bi_2S_3) = 6{,}76 * 10^{-65} (mol/L)^5 > K_L(Bi_2S_3) \rightarrow$ Niederschlag!

13.1.8 Berechnen Sie die Masse an Thioacetamid (TAA) in Mikrogramm, die sich mindestens in 125 mL destilliertem Wasser zersetzt haben muss, damit es nach Zugabe von 75 mL Silbernitrat-Lösung der Konzentration 2,0 nM zu dieser Lösung zu einer Niederschlagsbildung kommt. Der pH-Wert der resultierenden Mischung sei 1,0.
(Die Dichten werden als konstant angenommen (1,0 g/cm³).)
[$K_S(H_2S)_{gesamt} = 1{,}44 * 10^{-20} (mol/L)^2$; $M(TAA) = 75{,}0\ g/mol$;
$pK_L(Ag_2S) = 49$]

$m(TAA) = 1{,}9 * 10^{-6}\ \mu g$

13.1.9 In 5 dm³ destilliertes Wasser werden 1,50 µg Thioacetamid (TAA) gegeben, welches sich vollständig zersetzt. Zudem werden 0,50 µL Schwefelwasserstoffgas [Dichte = 1,50 g/L] eingeleitet, das sich darin vollständig löst. Aus dieser Lösung werden 50,0 mL entnommen und zu 300 mL einer gesättigten Blei(II)-chlorid-Lösung gegeben (kein festes Blei(II)-chlorid enthalten). Ab welchem pH-Wert käme es theoretisch zur Bildung eines Niederschlags? (Die Dichten werden als konstant angenommen (1 g/cm³).)
[$K_S(H_2S)_{gesamt} = 1{,}44 * 10^{-20} (mol/L)^2$;
$M(H_2S) = 34{,}0\ g/mol$; $pK_L(PbCl_2) = 4{,}70$; $pK_L(PbS) = 28{,}0$; $M(TAA) = 75{,}0\ g/mol$]

Ab pH-Wert von 2,59 (oder basischer) käme es zur Fällung von PbS.

13.1.10 Sie erhalten 19 mg eines unbekannten Salzes und lösen es in 200 mL verdünnter Salzsäure, so dass die Lösung einen pH-Wert von 2,0 hat. Sie vermuten, dass es sich bei dem Salz um Cadmium(II)- oder Kupfer(II)-nitrat handeln könnte. Um dies zu überprüfen, leiten Sie Schwefelwasserstoffgas in die Lösung ein, bis eine Schwefelwasserstoff-Konzentration von $1{,}0 * 10^{-3}$ mol/L erreicht ist. Dabei kommt es nicht zur Fällung.
Kann es sich folglich um eines der beiden Salze handeln?

$\left[K_L(CdS) = 3{,}4*10^{-28}\,(mol/L)^2;\, M(Cd(NO_3)_2) = 236{,}4\ g/mol;\right.$

$M(Cu(NO_3)_2) = 187{,}5\ g/mol;$

$\left.K_L(CuS) = 8*10^{-45}\,(mol/L)^2;\, K_S(H_2S)_{gesamt} = 1{,}44*10^{-20}\,(mol/L)^2\right]$

$I_P(CdS) = 5{,}8*10^{-23}\,(mol/L)^2 > K_L(CdS)$

$I_P(CuS) = 7{,}2*10^{-23}\,(mol/L)^2 > K_L(CuS)$

Weder Cadmium- noch Kupfernitrat!

14 Redoxgleichgewichte

Im Kapitel Säure-Base wurden Reaktionen vorgestellt, bei denen es zur Übertragung von *Protonen* zwischen den Reaktionspartnern kommt. Im Gegensatz dazu werden bei Redoxreaktionen (Reduktions-Oxidations-Reaktionen) *Elektronen* von einem Reaktionspartner auf den anderen übertragen. Bekannte Redox-Reaktionen sind z.B. Verbrennungsvorgänge, die Elektrolyse einer Salzlösung oder die Umsetzung eines Metalloxids mit elementarem Kohlenstoff.

Um solche Redoxreaktionen stöchiometrisch korrekt formulieren und ausgleichen zu können, ist die Kenntnis des Konzepts der **Oxidationszahlen** Grundvoraussetzung. Dabei wird jedem Atom einer Verbindung nach bestimmten Regeln eine Oxidationszahl zugewiesen. Für diese Regeln sei an dieser Stelle auf entsprechende Literatur verwiesen.

14.1 Reduktions-Oxidations-Reaktionen

Der Name Oxidation geht ursprünglich auf die Reaktionen des Sauerstoffs mit anderen Verbindungen zurück (also die Übertragung von Sauerstoff auf ein Atom/Ion/Molekül). Als Reduktion hat man demzufolge das Entfernen von Sauerstoff aus einer Verbindung verstanden. Dieses Konzept wurde in der Folge weiterentwickelt und auf die Oxidationszahlen erweitert. Demnach versteht man unter einer Oxidation heute den Abzug von Elektronen aus einem Atom, was mit einer Erhöhung der Oxidationszahl des betroffenen Atoms verbunden ist:

$$Zn \rightleftharpoons Zn^{2+} + 2e^- \qquad Zn\text{: Oxidationszahl} = 0 \quad Zn^{2+}\text{: Oxidationszahl} = +2$$

Elementares Zink fungiert als Elektronen-Donator.

Als Reduktion gilt heute folglich die Aufnahme von Elektronen durch ein Atom und damit eine Verminderung seiner Oxidationszahl:

$$Cu^{2+} + 2e^- \rightleftharpoons Cu \qquad Cu^{2+}\text{: Oxidationszahl} = +2;\ Cu\text{: Oxidationszahl} = 0$$

Cu^{2+}-Ionen nehmen z. B. die Elektronen des Zinks auf und fungieren als Elektronen-Akzeptoren.

Da Elektronen nicht frei existieren, erfolgt bei einer Reaktion immer die direkte Übertragung eines Elektrons von einem Atom auf ein anderes. Reduktionsreaktion und Oxidationsreaktion sind immer gekoppelt, daher spricht man von Reduktions-Oxidations-Reaktionen, kurz Redox-Reaktionen.

MERKE:

Oxidation: Abgabe von Elektronen an den Reaktionspartner. Die Oxidationszahl des Stoffes, der Elektronen abgibt und als Elektronen-Donator fungiert, wird erhöht. Der Stoff, der Elektronen abgibt wird auch als Reduktionsmittel bezeichnet.
Reduktion: Aufnahme von Elektronen durch den Elektronen-Akzeptor. Die Oxidationszahl des Stoffes verringert sich. Der Stoff, der Elektronen aufnimmt wird auch als Oxidationsmittel bezeichnet.

Bei genauer Betrachtung muss bei einer Redox-Reaktion das Elektron nicht vollständig von einem Atom entfernt werden. Eine Oxidation liegt bereits vor, wenn eine polarisierte kovalente Bindung mit einem elektronegativeren Atom gebildet wird, und das Bindungselektronenpaar partiell abgezogen wird.

$$C + O_2 \rightleftharpoons CO_2$$

Kohlenstoff C: Die Oxidationszahl ändert sich von 0 nach + 4

Sauerstoff O: Die Oxidationszahl ändert sich von 0 nach –2

Sauerstoff fungiert in dieser Reaktion als Oxidationsmittel und wird dabei selbst reduziert. Somit steht die oxidierte Form des Sauerstoffs O mit der reduzierten Form O^{2-} im Gleichgewicht. Man spricht von einem korrespondierenden Redoxpaar O/O^{2-}.

> **MERKE:**
> Oxidations- bzw. Reduktionsreaktionen können niemals alleine ablaufen. An einer Redox-Reaktion nehmen immer (mindestens) zwei korrespondierende Redoxpaare teil.

14.2 Das Aufstellen von Redox-Gleichungen

Im Folgenden soll das Aufstellen und Ausgleichen von Redox-Reaktionen anhand eines Beispiels in einzelnen Schritten erklärt werden:

Lösen von elementarem Kupfer in Salpetersäure unter Bildung von Stickstoffmonoxid

1. Formulieren einer nicht ausgeglichenen Gleichung, die alle Edukte und Produkte enthält. Für bessere Resultate wird diese Reaktion in der Form der Ionen geschrieben.

$$Cu + HNO_3 \rightleftharpoons Cu(NO_3)_2 + NO + H_2O$$

2. Bestimmung der Oxidationszahlen

Für jedes Atom muss die Oxidationszahl bestimmt werden. Dazu geht man entsprechend der Regeln zur Festlegung von Oxidationszahlen vor.

$$\overset{0}{Cu} + \overset{+1}{H}\overset{+5}{N}\overset{-2}{O_3} \rightleftharpoons \overset{+2}{Cu}(\overset{+5}{N}\overset{-2}{O_3})_2 + \overset{+2}{N}\overset{-2}{O} + \overset{+1}{H_2}\overset{-2}{O}$$

3. Aufteilen der Redoxreaktion in die Halbreaktionen für die Oxidation und Reduktion.

Identifizieren der Redox-Paare (Atome, die oxidiert bzw. reduziert wurden). Die Elektronen-Übergänge werden aufgeschrieben. Achtung: Die stöchiometrischen Verhältnisse müssen beachtet werden!

Oxidation:

$$\overset{0}{Cu} \rightleftharpoons \overset{+2}{Cu}(\overset{+5}{N}\overset{-2}{O_3})_2 + 2e^- \qquad \text{Redoxpaar: } Cu/Cu^{2+}$$

Reduktion:

$$\overset{+1}{H}\overset{+5}{N}\overset{-2}{O_3} + 3e^- \rightleftharpoons \overset{+2}{N}\overset{-2}{O} \qquad \text{Redoxpaar: } N^{5+}/N^{2+}$$

4. Stoff- und Ladungsausgleich
Alle Atome außer Sauerstoff und Wasserstoff werden ausgeglichen. Die Ladungen werden ausbalanciert. Bei Reaktionen im sauren Medium wird bei der Oxidationsreaktion die Ladung oftmals durch H^+-Ionen ausgeglichen. Auf Seite der Reduktion wird gegebenenfalls die entsprechende Anzahl an Wassermolekülen hinzugefügt.

Oxidation:

0 +1 +5 −2 +2 +5 −2 +1

$$Cu + 2\,HNO_3 \rightleftharpoons Cu(NO_3)_2 + 2\,e^- + 2\,H^+$$

Reduktion:

+1 +5 −2 +1 +2 −2 +1 −2

$$HNO_3 + 3\,e^- + 3\,H^+ \rightleftharpoons NO + 2\,H_2O$$ Redoxpaar: N^{5+}/N^{2+}

Nun muss noch die Anzahl der abgegebenen bzw. aufgenommenen Elektronen in jeder Halbreaktionen ausgeglichen werden. Die Anzahl der Elektronen, die bei der Oxidation abgegeben werden muss gleich der Anzahl der Elektronen, die bei der Reduktion aufgenommen werden, sein. Dazu müssen die beiden Gleichungen mit dem Faktor, der das kleinste gemeinsame Vielfache ergibt, multipliziert werden.

Oxidation:

0 +1 +5 −2 +2 +5 −2 +1

$$Cu + 2\,HNO_3 \rightleftharpoons Cu(NO_3)_2 + 2\,e^- + 2\,H^+ \qquad /*3$$

Reduktion:

+1 +5 −2 +1 +2 −2 +1 −2

$$HNO_3 + 3\,e^- + 3\,H^+ \rightleftharpoons NO + 2\,H_2O \qquad /*2$$

Oxidation:

0 +1 +5 −2 +2 +5 −2 +1

$$3\,Cu + 6\,HNO_3 \rightleftharpoons 3\,Cu(NO_3)_2 + 6\,e^- + 6\,H^+$$

Reduktion:

+1 +5 −2 +1 +2 −2 +1 −2

$$2\,HNO_3 + 6\,e^- + 6\,H^+ \rightleftharpoons 2\,NO + 4\,H_2O$$

5. Addieren der Teilgleichungen
Die Teilgleichungen werden addiert, indem sich auf einer Seite alle Produkte und auf der anderen Seite alle Edukte befinden.

0 +1 +5 −2 +1 +2 +5 −2 +2 −2 +1 −2 +1

$$3\,Cu + 8\,HNO_3 + 6\,e^- + 6\,H^+ \rightleftharpoons 3\,Cu(NO_3)_2 + 2\,NO + 6\,e^- + 4\,H_2O + 6\,H^+$$

6. Kürzen
Die Gleichung wird gekürzt, indem um Spezies, die auf beiden Seiten der addierten Gleichung auftreten, vereinfacht wird. Falls nötig, wird die ganze Gleichung durch den größten gemeinsamen Teiler dividiert, so dass die Koeffizienten möglichst niedrig werden. Zur Kontrolle sollte überprüft werden, ob die Zahl aller Atome und Ladungen auf beiden Seiten der Gleichung identisch ist.

0 +1 +5 −2 +2 +5 −2 +2 −2 +1 −2

$$3\,Cu + 8\,HNO_3 \rightleftharpoons 3\,Cu(NO_3)_2 + 2\,NO + 4\,H_2O$$

14.3 Übungsaufgaben Redoxgleichungen

14.3.1 Reduktion von Kaliumpermanganat mit Natriumoxalat in schwefelsaurer Lösung

Formulieren einer nicht ausgeglichenen Gleichung aller Edukte und Produkte:

$$Na_2C_2O_4 + KMnO_4 + H_2SO_4 \rightleftharpoons K_2SO_4 + Na_2SO_4 + MnSO_4 + CO_2 + H_2O$$

+ 1 + 3 −2 + 1+ 7 −2 + 4 − 2 + 2 + 6 − 2

$$5\ Na_2C_2O_4 + 2\ KMnO_4 + 8\ H_2SO_4 \rightleftharpoons 10\ CO_2 + 2\ MnSO_4 + 5\ Na_2SO_4 + K_2SO_4 + 8\ H_2O$$

14.3.2 Reduktion von Kaliumpermanganat (zu Manganat(VI)) durch Iodid in alkalischer Lösung

Bei Reaktionen in alkalischer Lösung erfolgt der Ladungsausgleich nicht mit Protonen, sondern durch Hydroxid-Ionen!

Formulieren einer nicht ausgeglichenen Gleichung aller Edukte und Produkte:

$$I^- + MnO_4^- + \rightleftharpoons IO_3^- + 6MnO_4^{2-}$$

−1 + 7 −2 + 5 − 2 + 6 −2

$$I^- + 6\ MnO_4^- + 6\ OH^- \rightleftharpoons IO_3^- + 6\ MnO_4^{2-} + 3\ H_2O$$

14.3.3 Komproportionierung von Permanganat und Mangan(II) zu Mangan(IV) in alkalischer Lösung

Komproportionierungen (Synproportionierungen) sind Redoxreaktionen, bei denen das gleiche Element aus einer höheren und einer niedrigeren Oxidationsstufe in eine mittlere Oxidationsstufe übergeht.

Formulieren einer nicht ausgeglichenen Gleichung aller Edukte und Produkte:

$$MnO_4^- + Mn^{2+} \rightleftharpoons MnO_2 + H_2O$$

+ 7 −2 + 2 + 4 −2

$$2\ MnO_4^- + 3\ Mn^{2+} + 4\ OH^- \rightleftharpoons 5\ MnO_2\downarrow + 2\ H_2O$$

14.4 Elektrodenpotenzial und Nernstsche Gleichung

Redoxreaktionen beruhen auf dem Austausch von Elektronen zwischen den Reaktionspartnern. Dabei unterscheiden sich die Reaktionspartner in ihrem Bestreben, Elektronen aufzunehmen oder abzugeben. Betrachten wir als Beispiel für eine solche Reaktion einen Kupferstab, der in eine wässrige Kupfer(II)-sulfat-Lösung getaucht wird. Am Kupferstab wird sich ein Gleichgewicht zwischen gelöstem Kupfer(II) und metallischem Kupfer einstellen:

$$Cu^{2+} + 2e^- \rightleftharpoons Cu$$

Läuft die Gleichung vorwiegend von links nach rechts ab, also Kupfer(II)-Ionen nehmen 2 Elektronen aus dem Kupferstab auf und lagern sich ab, entsteht ein Elektronenmangel im Kupferstab. Der Kupferstab lädt sich positiv auf. Liegt das Gleichgewicht jedoch auf der linken Seite der Gleichung, so lösen sich vermehrt Kupfer(II)-Ionen aus dem Kupferstab und gehen in die Lösung über. Die Elektronen verbleiben im Kupferstab, dieser lädt sich negativ auf. Es bildet sich eine Potenzialdifferenz zwischen Metallstab und Lösung. Der Metallstab wird allgemein als Elektrode, die umgebende Lösung wird als

Elektrolyt bezeichnet. Die Potenzialdifferenz ist demzufolge das Elektrodenpotenzial. Die Potenzialdifferenz einer solchen Halbzelle ist charakteristisch für das jeweilige System und lässt sich mit Hilfe der **Nernstschen Gleichung** berechnen:

$$E = E^0 + \frac{R * T}{z * F} * \ln \frac{\alpha(Ox)}{\alpha(Red)}$$

E: Elektrodenpotenzial [V]

E^0: Standardpotenzial oder Normalpotenzial (Stoffkonstante)

R: Molare Gaskonstante (8,3145 J * K^{-1} * mol^{-1})

T: Temperatur [K]

z: Anzahl der übertragenen Elektronen

F: Faraday – Konstante (96500 C * mol^{-1})

α(Ox): Aktivität der oxidierten Form [mol * L^{-1}]

α(Red): Aktivität der reduzierten Form [mol * L^{-1}]

Bei Raumtemperatur, Ersatz des natürlichen Logarithmus durch den dekadischen Logarithmus und der Annahme, dass die Aktivität des reinen Metalls gleich 1 gesetzt werden kann lässt sich die Nernst-Gleichung vereinfachen:

$$E = E^0 + \frac{0{,}059}{z} * \log \alpha\,(Ox)$$

Bei verdünnten Elektrolytlösungen kann überdies die Aktivität vernachlässigt und näherungsweise mit der Konzentration gerechnet werden:

$$E = E^0 + \frac{0{,}059}{z} * \log c\,(Ox)$$

Eine bedeutende Konstante in dieser Gleichung ist das Normal- oder Standardpotenzial E^0. Dieses Elektrodenpotenzial lässt sich jedoch für eine Halbzelle alleine nicht bestimmen, sondern kann immer nur bezugnehmend auf eine zweite Halbzelle gemessen werden. Um vergleichbare Werte zu erhalten, werden alle Elektrodenpotenziale bei Raumtemperatur gegen eine Standardelektrode gemessen. Als Standardelektrode dient dabei die Normal-Wasserstoffelektrode (NWE). Die NWE besteht aus einer sogenannten *inerten* Platinelektrode, die in den Elektrolyten (Lösung von H_3O^+ in Wasser) taucht, und die mit Wasserstoff-Gas mit genau bekanntem Druck (Partialdruck des H_2-Gases $p^0 = 1013{,}25$ mbar, die Temperatur $T^0 = 298{,}15$ K und die Konzentration der H_3O^+-Ionen exakt 1 mol/L) umspült wird. Die Platin-Ableitelektrode gibt das Potenzial der Wasserstoffelektrode wieder:

$$2\,H_3O^+ + 2\,e^- \rightleftharpoons H_2 + 2\,H_2O$$

Das Potenzial der Normalwasserstoffelektrode ist defintionsgemäß gleich Null. Damit das Vorzeichen der Normalpotenzialpotenziale immer gleich gewählt wird, ist die Reaktionsrichtung der Elektrodenreaktionen festgelegt. Alle Normalpotenzialpotenziale sind Reduktionspotenzialpotenziale und beziehen sich auf die Reduktionsreaktion:

$$Ox + z\,e^- \rightleftharpoons Red$$

Wenn E^0 negativ ist, dann liegt das Gleichgewicht auf der Seite der oxidierten Form (links) und umgekehrt.

In der elektrochemischen **Spannungsreihe** sind alle Normalpotenziale aufgelistet.

Normalpotenziale von Redoxreaktionen, angeordnet in der Spannungsreihe. E^0 (V)

Oxidierte Form		Reduzierte Form	+z e⁻	Normalpotenzial E^0 (V)
Li^+	⇌	Li	+ e⁻	–3,05
K^+	⇌	K	+ e⁻	–2,92
Ca^{2+}	⇌	Ca	+ 2e⁻	–2,87
Na^+	⇌	Na	+ e⁻	–2,71
Mg^{2+}	⇌	Mg	+ 2e⁻	–2,34
Al^{3+}	⇌	Al	+ 3e⁻	–1,67
Zn^{2+}	⇌	Zn	+ 2e⁻	–0,76
Fe^{2+}	⇌	Fe	+ 2e⁻	–0,44
Co^{2+}	⇌	Co	+ 2e⁻	–0,28
Ni^{2+}	⇌	Ni	+ 2e⁻	–0,25
$2\,H_3O^+$	⇌	$2\,H_2O + H_2$	+ 2e⁻	0,00
Sn^{4+}	⇌	Sn^{2+}	+ 2e⁻	0,15
Cu^{2+}	⇌	Cu^+	+ e⁻	0,17
Cu^{2+}	⇌	Cu	+ 2e⁻	0,35
$2\,I^-$	⇌	I_2	+ 2e⁻	0,54
$H_2O_2 + 2\,H_2O$	⇌	$O_2 + 2\,H_3O^+$	+ 2e⁻	0,68
Fe^{2+}	⇌	Fe^{3+}	+ e⁻	0,77
Ag^+	⇌	Ag	+ e⁻	0,80
Hg^{2+}	⇌	Hg	+ 2e⁻	0,85
$2\,Br^-$	⇌	Br_2	+ 2e⁻	1,07
$6\,H_2O$	⇌	$O_2 + 4\,H_3O^+$	+ 4e⁻	1,23
$2\,Cl^-$	⇌	Cl_2	+ 2e⁻	1,36
$Cr_2O_7^{2-} + 14\,H^+$	⇌	$2\,Cr^{3+} + 7\,H_2O$	+ 6e⁻	1,36
Au^{3+}	⇌	Au	+ 3e⁻	1,42
$Pb^{2+} + 6\,H_2O$	⇌	$PbO_2 + 4\,H_3O^+$	+ 2e⁻	1,46
$Mn^{2+} + 12\,H_2O$	⇌	$MnO_4^- + 8\,H_3O^+$	+ 5e⁻	1,52
$2\,F^-$	⇌	F_2	+ 2e⁻	2,85

MERKE:

Je höher der Wert von E^0 ist, desto leichter nimmt die oxidierte Form Elektronen auf. Es handelt sich um Oxidationsmittel.

Je geringer E^0 ist, desto leichter gibt die reduzierte Form Elektronen ab. Es handelt sich um ein Reduktionsmittel.

14.5 Redoxpotenzial

Wie am Beginn des Kapitels dargestellt, laufen Redox-Reaktionen immer gekoppelt ab, wobei ein Reaktionspartner als Elektronen-Donator (Reduktionsmittel) und der andere Reaktionspartner als Elektronen-Akzeptor (Oxidationsmittel) fungiert. Ob eine Substanz in einer Reaktion Oxidations- oder Reduktionsmittel ist, hängt davon ab, wie stark die Tendenz der reduzierten Form eines Redoxpaares ist, Elektronen abzugeben. Für Redoxpaare gilt: Je höher die Tendenz der reduzierten Form ist, Elektronen abzugeben, umso geringer ist die Tendenz der oxidierten Form Elektronen aufzunehmen. Um Abschätzungen treffen zu können, ob eine Redoxreaktion freiwillig abläuft, kann man die Spannungsreihe zu Rate ziehen. In ihr sind die Normalpotenziale (Standardpotenzial) der Redoxpaare der Größe nach gelistet (siehe S. 122). Redoxreaktionen laufen nur dann freiwillig ab, wenn die reduzierte Form des Redoxpaares 1 in der Spannungsreihe *unter* der reduzierten Form des Redoxpaares 2 steht.

Im oben genannten Beispiel haben wir die Reaktion eines Kupferstabs mit einer wässrigen Kupfer(II)-sulfat-Lösung beschrieben, das heißt, das Metall hat selbst an der Elektrodenreaktion teilgenommen. Es besteht jedoch auch die Möglichkeit, dass beide Reaktionspartner gelöst vorliegen. Im folgenden Beispiel betrachten wir eine Lösung in der Eisen(II)- wie auch Eisen(III)-Ionen gelöst vorliegen. Das Redoxpaar Fe^{2+}/Fe^{3+} besitzt demnach auch ein bestimmtes, von der Konzentration der Redoxpartner abhängiges Redoxpotenzial, welches sich, bei Kenntnis des Standardpotenzials E^0, mit Hilfe der Nernstschen Gleichung berechnen lässt:

$$E\left(Fe^{3+}/Fe^{2+}\right) = E^0\left(Fe^{3+}/Fe^{2+}\right) + \frac{0{,}059\ V}{1} * \log\frac{c\left(Fe^{3+}\right)}{c\left(Fe^{2+}\right)}$$

Bei gleichen Konzentrationen an gelösten Eisen(II)- und Eisen(III)-Ionen entspricht das Redoxpotenzial dem Standardpotenzial E^0. Liegen jedoch unterschiedliche Konzentration an Eisen(II) bzw. Eisen(III) in der Lösung vor, so ergeben sich zwei Situationen:

Wenn $c(Fe^{3+}) > c(Fe^{2+})$, dann ist das Redoxpotenzial $E(Fe^{3+}/Fe^{2+})$ größer als dessen E^0

Wenn $c(Fe^{3+}) < c(Fe^{2+})$, dann ist das Redoxpotenzial $E(Fe^{3+}/Fe^{2+})$ kleiner als dessen E^0

Komplexer wird die Situation jedoch, wenn neben dem Redoxpaar noch weitere Ionen oder Moleküle an der Reaktion beteiligt sind. Diese müssen, analog zum Massenwirkungsgesetz, in die Gleichung einbezogen werden. Betrachten wir die Oxidation von Chrom(III) zu Dichromat in wässriger Lösung:

$$2\ Cr^{3+} + 7\ H_2O \rightleftharpoons Cr_2O_7^{2-} + 14\ H^+ + 6\ e^-$$

Setzt man nun in die Nernstsche Gleichung ein, lässt sich das Redoxpotenzial berechnen:

$$E\left(Cr^{3+}/Cr_2O_7^{2-}\right) = E^0\left(Cr^{3+}/Cr_2O_7^{2-}\right) + \frac{0{,}059\ V}{6} * \log\frac{c\left(Cr_2O_7^{2-}\right) * c\left(H^+\right)^{14}}{c\left(Cr^{3+}\right)^2}$$

Hinweis: In verdünnter wässriger Lösung kann für Wasser die Konzentration gleich 1 gesetzt werden.

Aus dieser Gleichung kann man schließen, dass die Oxidation von Chrom(III) zu Chrom(VI) stark vom pH-Wert der Lösung abhängig ist. Aus der Nernstschen Gleichung lässt sich außerdem schließen, dass Dichromat in saurer Lösung ein starkes Oxidationsmittel ist.

14.6 Übungsaufgaben Redoxpotenzial

14.6.1 Welches Potenzial besitzt eine Ag^+/Ag-Halbzelle wenn eine Ag^+-Ionenkonzentration von 100 mM vorliegt [$E^0(Ag^+/Ag) = 800$ mV]?

8.1 $$E = E^0 + 0{,}059\,V * \log\frac{c(Ag^+)}{c(Ag)}$$

$$E = 0{,}8\,V + 0{,}059\,V * \log(0{,}1)$$

$$E = 0{,}8\,V + 0{,}059\,V * (-1)$$

$$E = 0{,}8\,V - 0{,}059\,V = 0{,}741\,V$$

14.6.2 Welches Potenzial liegt in einer Lösung (1000 mL) vor, die 180 mmol/L MnO_4^--Ionen und 45 mmol/L Mn^{2+}-Ionen enthält und einen pH-Wert von 1,8 aufweist? Wie ändert sich das Potenzial durch Zugabe von 10 mL 5 M Wasserstoffperoxidlösung und 50 mL 10 M Salzsäure [$E^0(MnO_4^-/Mn^{2+}) = 1{,}51$ V]?

a)

$$MnO_4^- + 8\,H^+ + 5\,e^- \rightleftharpoons Mn^{2+} + 4\,H_2O$$

5.8 $$c(H^+) = 10^{-pH} = 10^{-1{,}8} = 0{,}016\,mol/L$$

8.1 $$E = E^0 + \frac{0{,}059\,V}{5} * \log\frac{c(MnO_4^-) * c^8(H^+)}{c(Mn^{2+})}$$

$$E = 1{,}51\,V + \frac{0{,}059\,V}{5} * \log\frac{0{,}18\,M * (0{,}016\,M)^8}{0{,}045\,M}$$

$$E = 1{,}51\,V + \frac{0{,}059\,V}{5} * \log(1{,}6 * 10^{-14}) = 1{,}51\,V + \frac{0{,}059\,V}{5} * (-13{,}8) = 1{,}35\,V$$

b)

$$2\,MnO_4^- + H_2O_2 + 6\,H^+ \rightleftharpoons 2\,Mn^{2+} + 14\,H_2O + 5\,O_2$$

1.2 $n(H_2O_2) = 0{,}010\,L * 5\,mol/L = 0{,}050\,mol$

$V_{neu} = 1060\,mL$

1.2 $n(MnO_4^-)_{neu} = 0{,}18\,mol - 2 * n(H_2O_2) = 0{,}18\,mol - 0{,}10\,mol = 0{,}08\,mol$

--> $c(MnO_4^-)_{neu} = 0{,}08\,mol/1060\,mL = 0{,}075\,mol/L$

1.2 $n(Mn^{2+})_{neu} = 0{,}045\,mol + 2 * n(H_2O_2) = 0{,}045\,mol + 0{,}1\,mol = 0{,}145\,mol$

--> $c(Mn^{2+})_{neu} = 0{,}145\,mol/1060\,mL = 0{,}137\,mol/L$

1.2 $n(H^+)_{neu} = 0{,}016\,mol + n(HCl) - 6 * n(H_2O_2) = 0{,}016\,mol + 0{,}5\,mol - 0{,}3\,mol = 0{,}216\,mol$

--> $c(H^+)_{neu} = 0{,}216\,mol/1060\,mL = 0{,}204\,mol/L$

8.1 $$E = E^0 + \frac{0{,}059\,V}{5} * \log\frac{c(MnO_4^-) * c^8(H^+)}{c(Mn^{2+})}$$

$$E = 1{,}51\,V + \frac{0{,}059\,V}{5} * \log\frac{0{,}075\,M * (0{,}204\,M)^8}{0{,}137\,M}$$

$$E = 1{,}51\,V + \frac{0{,}059\,V}{5} * \log\left(1{,}6 * 10^{-6}\right) = 1{,}51\,V + \frac{0{,}059\,V}{5} * (-5{,}8) = 1{,}44\,V$$

14.6.3 Welches Ruhepotenzial liegt an einer biologischen Zellmembran vor, wenn im Zellinneren eine Kaliumionenkonzentration von 140 mM und außerhalb der Zelle eine Kaliumionenkonzentration von 5 mM vorliegen? Wie verändert sich das Ruhepotenzial, wenn die Kaliumionenkonzentration außerhalb der Zelle auf 50 mM steigt?

a)

$$E = 0{,}059\,V * \log\frac{c\,(K^+)_{extrazellulär}}{c\,(K^+)_{intrazellulär}}$$

8.1

$$E = 0{,}059\,V * \log\frac{0{,}005\,M}{0{,}14\,M}$$

$$E = 0{,}059\,V * \log\,(0{,}036) = -85\,mV$$

b)

$$E = 0{,}059\,V * \log\frac{0{,}05\,M}{0{,}14\,M}$$

$$E = 0{,}059\,V * \log(0{,}36) = -26\,mV$$

14.6.4 Berechnen Sie die Gleichgewichtskonstante K der Reaktion $Cu^0 + Ag^+ \rightleftharpoons Cu^+ + Ag^0$ bei 25°C [$E^0(Ag^+ + e^- \rightleftharpoons Ag) = 0{,}799\,V$; $E_0(Cu \rightleftharpoons Cu^+ + e^-) = -0{,}521$; F = 96487 C; R = 8,314 J/(mol*K)]!

$$\Delta E = 0{,}799\,V - 0{,}521\,V = 0{,}278$$

$$\Delta E = \frac{R * T}{n * F} * \ln K$$

$$\ln K = \frac{n * F * \Delta E}{R * T} = \frac{1 * 96487\,C * 0{,}278\,V}{8{,}134\,\frac{J}{mol * K} * 298\,K} = 11{,}06$$

$$K = 63577$$

14.6.5 Das Potenzial einer Eisen(II)-sulfatlösung gegenüber einer Eisenelektrode beträgt – 0,430 V. Welche Fe^{2+}-Konzentration hat die Lösung [$E^0(Fe^{2+} + 2\,e^- \rightleftharpoons Fe) = -0{,}440\,V$]?

$$E = E^0 + \frac{0{,}059\,V}{n} * \log\frac{c\left(Fe^{2+}\right)}{c(Fe)} = -0{,}440\,V + \frac{0{,}059\,V}{2} * \log c\left(Fe^{2+}\right) = -0{,}430\,V$$

$$0{,}010\,V = \frac{0{,}059\,V}{2} * \log c\left(Fe^{2+}\right)$$

$$0{,}339 = \log c\left(Fe^{2+}\right)$$

$$c\left(Fe^{2+}\right) = 2{,}18\,mol$$